高等学校计算机类特色教材

上海市高等学校信息技术水平考试参考教材

Python 程序设计基础
（第 3 版）

主　编　李东方

副主编　文欣秀　张向东

常　姗　郑　奋

U0198723

电子工业出版社·

Publishing House of Electronics Industry

北京·BEIJING

内 容 简 介

　　本书是上海市高等学校信息技术水平考试（二三级）Python 程序设计考试科目的参考教材，并在教学内容和要求上兼容全国计算机等级考试二级 Python 语言程序设计考试大纲。本书面向初学者，通过大量实例由浅入深、循序渐进地讲述 Python 程序设计的基本概念和基本方法，内容包括 Python 语言及其编程环境、Python 的基本语法、Python 程序的基本流程控制、Python 的组合数据类型、文件与基于文本文件的数据分析、函数、面向对象的程序设计与 Python 生态、图形化界面设计、图形绘制与数据可视化、正则表达式与简单爬虫、数据库操作和基于第三方库的应用举例。本书的例题源代码、电子课件、习题素材等资源均可扫码下载，也可登录华信教育资源网（www.hxedu.com.cn）注册后免费下载。

　　本书适合作为文、理、工、农、医、法、商、管等非计算机专业高等学校通识教育阶段计算机程序设计课程教材，也可供 Python 语言爱好者自学以及计算机科学与技术相关专业人员参考。

图书在版编目（CIP）数据

Python 程序设计基础 / 李东方主编. —3 版. —北京：电子工业出版社，2023.6
ISBN 978-7-121-45627-5

Ⅰ. ①P… Ⅱ. ①李… Ⅲ. ①软件工具－程序设计－高等学校－教材 Ⅳ. ①TP311.561

中国国家版本馆 CIP 数据核字（2023）第 089886 号

责任编辑：冉　哲
印　　刷：三河市君旺印务有限公司
装　　订：三河市君旺印务有限公司
出版发行：电子工业出版社
　　　　　北京市海淀区万寿路 173 信箱　邮编 100036
开　　本：787×1092　1/16　印张：16　字数：409.6 千字
版　　次：2017 年 1 月第 1 版
　　　　　2023 年 6 月第 3 版
印　　次：2024 年 3 月第 3 次印刷
定　　价：49.00 元

凡所购买电子工业出版社图书有缺损问题，请向购买书店调换。若书店售缺，请与本社发行部联系，联系及邮购电话：（010）88254888，88258888。

质量投诉请发邮件至 zlts@phei.com.cn，盗版侵权举报请发邮件至 dbqq@phei.com.cn。

本书咨询联系方式：ran@phei.com.cn。

前　言

　　程序设计基础是高等学校计算机基础教学的核心课程。通常，选择一门高级程序设计语言作为教学语言，并以此贯彻程序设计的基本思想方法，培养学生的计算思维，为他们打下理解需求、求解问题、编程实现的扎实基础。

　　在上海市教育委员会高教处、上海市教育考试院、上海市高等学校信息技术水平考试委员会和上海市计算机基础教育协会的组织领导下，上海各高等学校计算机基础教育工作者团结协作，经过长期的探索和实践，确立了"夯实基础、面向环境、培养创新"的计算机基础教育培养目标，构建了包括分类分层次的课程体系、自主学习环境、信息技术水平考试、创新能力培养等内容的多平台综合教育环境，取得了丰硕的成果。2016 年，原上海市高等学校计算机等级考试率先增考了二级 Python 程序设计科目。本书是上海市高等学校信息技术水平考试（二三级）Python 程序设计考试科目的参考教材，并在教学内容和要求上兼容全国计算机等级考试二级 Python 语言程序设计考试大纲。

　　Python 语言是一种解释运行、面向对象、扩展性强的程序设计语言，是学生学习编程、理解用计算机解决问题的方法的有效工具。通过对 Python 语言的学习，学生应能掌握其基本语法和基本编程方法，理解程序设计中的计算思维，并能上机调试、运行程序，解决简单的实际问题。

　　本书面向初学者，由浅入深、循序渐进地讲述 Python 程序设计的基本概念和基本方法。本书由海军军医大学、华东理工大学、复旦大学、东华大学等学校常年工作在计算机基础教学第一线、具有丰富教学经验的教师集体编写，力图简明实用、条理分明。本书通过大量实例进行讲解，不拘泥于语法细节，避免曲折烦琐，同时力图体现 Python 语言追求优雅、明确、简单的风格。

　　全书共 12 章，内容包括 Python 语言及其编程环境、Python 的基本语法、Python 程序的基本流程控制、Python 的组合数据类型、文件与基于文本文件的数据分析、函数、面向对象的程序设计与 Python 生态、图形化界面设计、图形绘制与数据可视化、正则表达式与简单爬虫、数据库操作和基于第三方库的应用举例。每章均配有教学目标和习题，书后附有上海市高等学校信息技术水平考试（二三级）Python 程序设计考试大纲和全国计算机等级考试二级 Python 语言程序设计考试大纲。全书采用 Python 3.x 版本。本书的例题源代码、电子课件、习题素材等资源均可扫码下载，也可登录华信教育资源网（www.hxedu.com.cn）注册后免费下载。

　　本书由李东方（第 1、5～10、12 章）、张向东（第 2 章）、文欣秀（第 3 章）、常姗（第 4 章）、郑奋（第 11 章）编写，文欣秀为各章编配了习题，全书由李东方统稿。本书在编写过程中还得到了同济大学、上海大学、华东师范大学、华东政法大学、上海对外经贸大学等学校相关教师的指导与支持。本书部分实例采用了上海市高等学校信息技术水平考试既往试题中的部分素材和网上佚名素材，在此一并表示诚挚的感谢。

　　由于时间仓促和水平有限，书中难免存在不妥之处，竭诚欢迎读者提出宝贵意见。作者联系邮箱：dfli@smmu.edu.cn。

作　者

教学建议

建议 48～64 学时，其中 16～32 学时为实验教学。建议采用机房"现场授课"方式，边讲边练，以提高教学效率。

教 学 内 容	64 学时教学分配			48 学时教学分配		
	课堂教学	实验教学	课外作业	课堂教学	实验教学	课外作业
第 1 章　Python 语言及其编程环境	2		1	2		1
第 2 章　Python 的基本语法	2	2	1	2	2	1
第 3 章　Python 程序的基本流程控制	4	4	2	4	4	2
第 4 章　Python 的组合数据类型	6	6	2	6	6	2
第 5 章　文件与基于文本文件的数据分析	4	4	1	4	4	1
第 6 章　函数	2	2	1	2	2	1
第 7 章　面向对象的程序设计与 Python 生态	2	2	1	2		1
第 8 章　图形化界面设计	4	4	3	2	2	2
第 9 章　图形绘制与数据可视化	2	2	2	2	2	2
第 10 章　正则表达式与简单爬虫	2	2	1			
第 11 章　数据库操作	2	2	1			
第 12 章　基于第三方库的应用举例		2	1			
合　　计	64		17	48		13

教学软件环境：Python 3.x，建议 3.7 以上或 Anaconda 相应版本，可选装 PyCharm、VS Code、PyScripter、Wing IDE、Spyder、Thonny 等编程调试环境。

目　录

## 第1章

Python语言及其编程环境

本章教学目标:
● 了解 Python 语言的特点。
● 学会 Python 编程环境的安装。
● 逐步熟悉使用一种第三方 Python 编辑器。

1.1　Python 语言概述

  Python 是一种解释运行、面向对象的程序设计语言,由 Guido van Rossum 于 1989 年发明,并于 1991 年公开了第一个发行版本。

  由于 Python 语言简洁、优雅,开发效率高,使用 Python 语言既能快速地生成程序的原型,又能方便地封装成可调用的扩展类库,程序无须修改就能在 Windows、Linux、UNIX 和 macOS 等操作系统上跨平台使用,因此 Python 语言常被用于网站开发、网络编程、图形处理、黑客攻防等,已迅速上升为第一大广泛应用的编程语言。图 1-1 为 2023 年 4 月 TIOBE 编程语言排行榜部分语言排名。

Apr 2023	Apr 2022	Change		Programming Language	Ratings	Change
1	1			Python	14.51%	+0.59%
2	2			C	**14.41%**	**+1.71%**
3	3			Java	13.23%	+2.41%
4	4			C++	12.96%	+4.68%
5	5			C#	8.21%	+1.39%
6	6			Visual Basic	4.40%	-1.00%
7	7			JavaScript	2.10%	-0.31%
8	9	∧		SQL	1.68%	-0.61%
9	10	∧		PHP	1.36%	-0.28%
10	13	∧		Go	1.28%	+0.20%

图 1-1　2023 年 4 月 TIOBE 编程语言排行榜部分语言排名

Python 语言具有丰富和强大的类库，能够把用其他语言（如 C/C++）编写的各种模块很轻松地联结在一起，因此被昵称为胶水语言。Python 开发环境是纯粹的自由软件，源代码和解释器 CPython 均遵循 GPL（General Public License）协议。

Python 语言崇尚优雅、明确、简单。在其命令行运行环境中输入"import this"，就会呈现出 Tim Peters 编写的、被业界称为"Python 之禅"的编程格言，如图 1-2 所示。这些格言逐渐成为 Python 程序开发者追求"More Pythonic（更具有 Python 风格）"的指导思想。

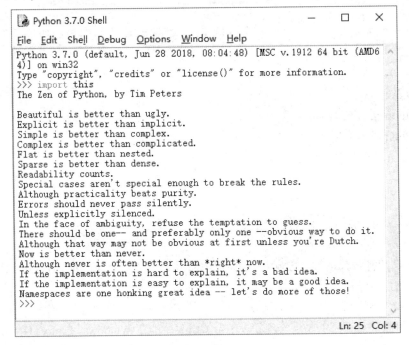

图 1-2　Python 之禅

Python 之禅的中文意译如下：
- 优美胜于丑陋，显式胜于隐式。
- 简洁胜于复合，复合胜于晦涩。
- 扁平胜于嵌套，稀疏胜于密集。
- 可读性更重要。
- 虽然实用性胜于纯粹性，但特殊情况并不足以打破规则。
- 错误永远不应被悄悄避过，除非被明确表明要忽略。
- 面对歧义时，拒绝猜测。
- 应该有一种——最好只有一种——明确的解决方案。
- 解决方案最初可能并不是明确的，除非你就是那个荷兰人（指 Guido）。
- 马上做胜于永远不做，尽管有时立即盲目动手做还不如不做。
- 难以释义的实现通常是糟糕的方案。
- 容易释义的实现才是好方案。
- 利用命名空间是一个很棒的主意——让我们做更多这样的事情吧！

1.2　Python 的安装

Python 开发环境是完全免费的自由软件，下载前应考虑如下问题：

- **支持的操作系统**。Python 支持 Windows、Linux、UNIX 和 macOS 等不同的操作系统，应选择对应的安装程序。
- **操作系统的字长**。应根据操作系统的字长（32 位或 64 位）选择对应的安装程序，以获得最佳的运行环境。
- **Python 的版本**。Python 2.x 至 2.7 版后不再升级，3.x 版与 2.x 版不完全兼容，大批用 2.x 版编写的库函数无法在 3.x 版下直接使用。2015 年以后，绝大多数用 Python 编写的库函数都可以稳定、高效地在 3.x 版下运行。因此，除需要继承 2.x 版才能稳定运行的特殊应用外，均应使用 3.x 版。

目前，可通过其官网下载并安装 Python，也可以直接安装 Anaconda 集成环境。

1.2.1　Python 的官网下载和安装

最新版本的安装程序可从 Python 官网免费下载，如图 1-3 所示。

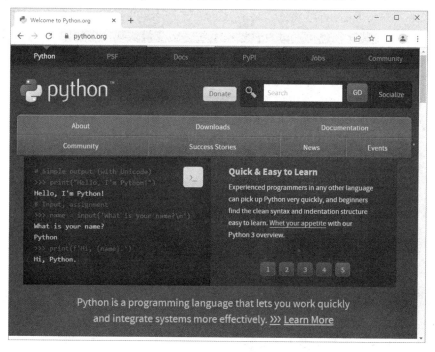

图 1-3　官网下载页面

在官网下载页面中可选择操作系统类型和字长，以及安装包的形式。这里以 Windows 操作系统可执行程序安装为例：双击下载的 python-3.x.x.exe 文件（版本不同，文件名会有所不同），即可按向导提示进行安装。例如，Python 3.7.3（64 位）安装向导如图 1-4 所示。

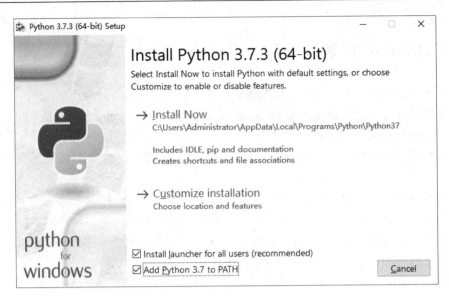

图 1-4　Python 3.7.3（64 位）安装向导

　　为使以后操作系统中任意路径上的 Python 程序都能正确找到安装路径，可在安装时勾选"Add Python 3.7 to PATH"前的复选框（见图 1-4 的下部）。为方便今后对安装路径的操作，建议选择"Customize installation"，将安装路径（Customize install location）设置为"C:\Python37"。

　　添加 Python 安装路径也可通过设置操作系统环境变量实现，步骤如下：打开控制面板主页，单击"高级系统设置"项，在"系统属性"对话框中，单击"高级"选项卡中的"环境变量"按钮，在"环境变量"对话框的"系统变量"列表框中，选择"Path"项，单击"编辑"按钮，在打开的对话框中添加安装路径（如"C:\Python37"）和脚本工具安装路径（如"C:\Python37\Scripts"），如图 1-5 所示。

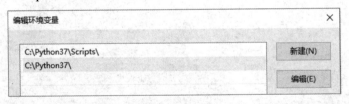

图 1-5　向操作系统环境变量中添加 Python 安装路径

1.2.2　Anaconda 集成开发环境

　　Anaconda 是一个 Python 科学计算集成开发环境的开源发行版本，可从其官网（见图 1-6）或其国内镜像网站免费下载安装。

　　Anaconda 在 Windows 操作系统中安装成功后，可见图 1-7 所示的程序组。其中包括常用的第三方包管理工具 Anaconda Navigator、命令行窗口 Anaconda Prompt、交互笔记 Jupyter Notebook、编程环境 Spyder 等。

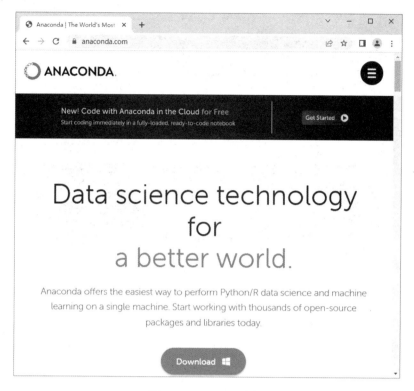

图 1-6　Anaconda 官网

Anaconda 不仅集成了 Python 开发环境，还包含 numpy、pandas、scipy、matplotlib、PIL、NLTK 等 200 余个科学计算常用第三方包。

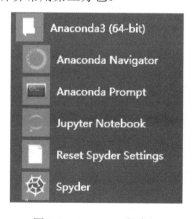

图 1-7　Anaconda 程序组

1.3　Python 程序设计步骤

Python 自带的集成开发环境 IDLE（Integrated Development and Learning Environment）如图 1-8（a）所示，命令行运行环境如图 1-8（b）所示。

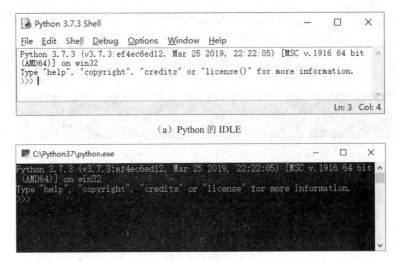

（a）Python 的 IDLE

（b）Python 的命令行运行环境

图 1-8　Python 的运行环境

在 IDLE 中，使用"File"→"New File"菜单命令，可打开程序编辑器，该编辑器除文本编辑功能外，还包含关键字颜色区分、简单的智能提示、自动缩进等辅助编辑功能（见图 1-9）。

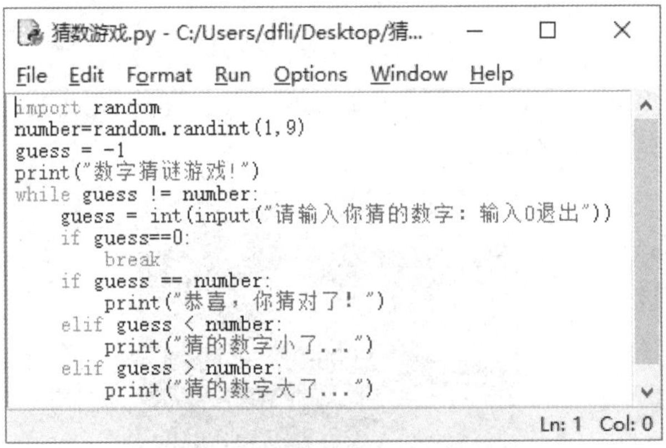

图 1-9　IDLE 的程序编辑器

Python（源）程序以.py 为扩展名。当运行.py 程序时，系统会自动生成一个对应的.pyc 字节编译文件，用于跨平台运行和提高运行速度。另外，还有一种扩展名为.pyo 的文件，是编译优化后的字节编译文件。

Python 使用缩进来表示代码块层次，习惯上一层缩进 4 个半角空格，同一个代码块中的语句必须包含相同的缩进空格数，不建议随意变化缩进空格数或使用 Tab 键。

Python 通常是一行写完一条语句，但如果语句很长，可以使用反斜杠"\"来实现语句转行。

Python 可以在同一行中放置多条语句，语句之间使用分号";"分隔，但为易读起见，不建议在同一行中放置多条语句。

Python 中单行注释以“#”开头。在调试程序时，如果临时需要不执行某些行，建议在不执行的行前加“#”，可避免大量删改操作。

1.4　常用的 Python 第三方编辑器

1. 记事本

Python 程序与其他高级语言一样，是纯文本文件，可以用操作系统自带的记事本打开和编辑（见图 1-10）。

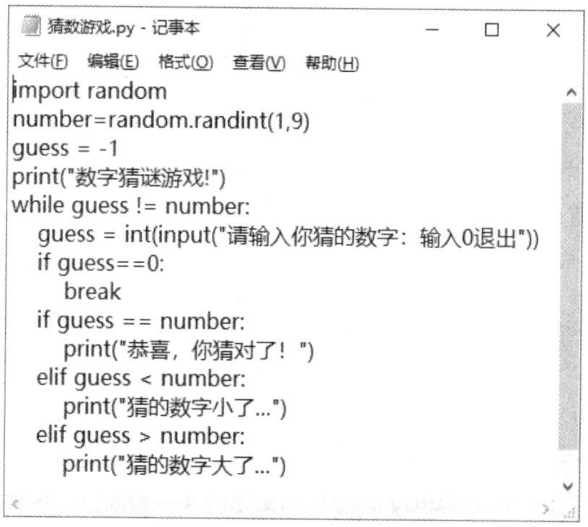

猜数游戏.py - 记事本
文件(F)　编辑(E)　格式(O)　查看(V)　帮助(H)
import random
number=random.randint(1,9)
guess = -1
print("数字猜谜游戏!")
while guess != number:
guess = int(input("请输入你猜的数字：输入0退出"))
if guess==0:
break
if guess == number:
print("恭喜，你猜对了！")
elif guess < number:
print("猜的数字小了...")
elif guess > number:
print("猜的数字大了...")

图 1-10　用记事本编写 Python 程序

值得注意的是，记事本默认保存为 ANSI 编码的.txt 文件（关于编码，详见第 5 章），可使用“另存为”命令，在弹出的“另存为”对话框中选择保存类型为“所有文件(*.*)”，并手工添加文件扩展名.py。在 Python 程序中，若包含中文等非英文字符，可选择 UTF-8 编码保存（见图 1-11）。

另存为
此电脑 › 桌面
搜索"桌面"
文件名(N): 猜数游戏.py
保存类型(T): 所有文件 (*.*)
浏览文件夹(B)
编码(E): UTF-8
保存(S)
取消

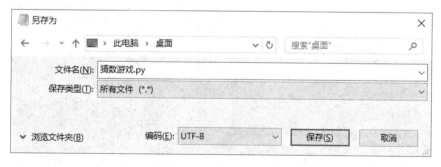

图 1-11　Python 程序的保存类型和编码

如果以 ANSI 编码保存的 Python 程序中含有中文等非英文字符，在用 IDLE 打开时可能出现如图 1-12 所示的编码选择对话框，让用户确认以何种编码读取。可使用与 ISO-8859-1

完全兼容、几乎可以表示世界上所有字符的字符编码 UTF-8，也可使用操作系统默认的中文简体扩展字符集编码 cp936（GBK）。

预先在 Python 程序最前面添加编码注释 "#coding:GBK"、"#coding:UTF-8" 或 "_*_coding=utf-8_*_"（表示编码的字符串用大小写字母均可）等，可以避免在运行程序前弹出编码选择对话框。

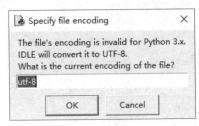

图 1-12　编码选择对话框

Python 程序员通常会选用第三方集成开发环境（Integrated Development Environment，IDE）进行程序设计。常用的集成开发环境有 PyCharm、VS Code、Thonny、PyScripter、Eclipse with PyDev、Komodo、Wing IDE 等，它们通常具有一些自动代码完成、参数提示、代码错误检查等功能。

2. PyCharm

如图 1-13 所示的 PyCharm 是 JetBrains 公司出品的集成开发环境，分为专业版（Professional）和社区版（Community），可从其官网下载。专业版试用期内免费，社区版完全免费并开源。

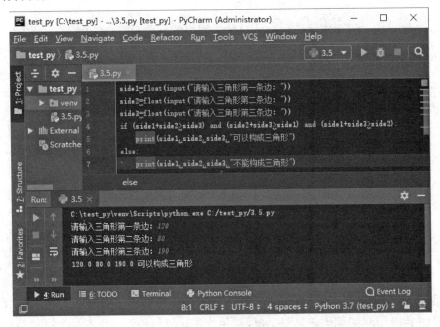

图 1-13　PyCharm

PyCharm 是一套 Python 程序开发的高效率工具，除具有调试、语法高亮显示、Project（项目）管理、代码跳转、代码智能提示、代码自动完成、单元测试、版本控制等一般功能外，还提供了支持 Django 等框架的专业 Web 开发等高级功能。尤其是快捷键映射设置，可兼容常见集成开发环境（如 Eclipse、Visual Studio、IntelliJ IDEA 等）的使用习惯（见图 1-14），让使用其他语言的程序员尽快适应其编程环境。

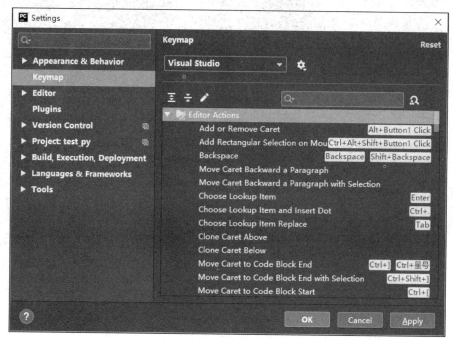

图 1-14　PyCharm 的快捷键映射设置

3. VS Code

VS Code（Visual Studio Code）是微软公司出品的轻量级代码编辑器（见图 1-15），支持 Windows、macOS 和 Linux 操作系统。它有丰富的插件生态系统，支持 C++、C#、Java、PHP、Python、Visual Basic、XML、R、Objective-C、JavaScript、JSON、HTML、CSS 等语言和语法结构。编辑器界面沿用了微软经典的 VS 风格，支持语法高亮显示、代码格式化、代码智能提示、括号匹配等编辑功能，并可直接访问 Git 托管平台。通常建议在 VS Code 中用以文件夹方式打开和编辑项目，也可以编辑单个文件。

4. Thonny

Thonny 为面向初学者的免费 Python 集成开发环境，如图 1-16 所示。它支持多种语言并适应多种编码，提供语法高亮显示、代码提示等功能。由于软件容量很小，因此适用于树莓派等物联网软件开发。

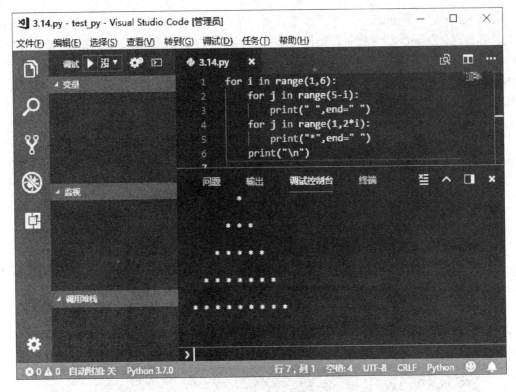

3.14.py - test_py - Visual Studio Code [管理员]
文件(F) 编辑(E) 选择(S) 查看(V) 转到(G) 调试(D) 任务(T) 帮助(H)
调试
3.14.py
变量
for i in range(1,6):
for j in range(5-i):
print(" ",end=" ")
for j in range(1,2*i):
print("*",end=" ")
print("\n")
问题 输出 调试控制台 终端
监视
调用堆栈
自动附加: 关
Python 3.7.0
行 7，列 1 空格: 4 UTF-8 CRLF Python

图 1-15　VS Code

Thonny - C:\Users\dfli\Desktop\猜数游戏.py @ 15 : 1
文件 编辑 视图 运行 工具 帮助
<untitled>
猜数游戏.py
import random
number=random.randint(1,9)
guess = -1
print("数字猜谜游戏!")
while guess != number:
guess = int(input("请输入你猜的数字: 输入0退出"))
if guess==0:
break
if guess == number:
print("恭喜，你猜对了！")
elif guess < number:
print("猜的数字小了...")
elif guess > number:
print("猜的数字大了...")
Shell
Python 3.7.9 (bundled)
>>>
Python 3.7.9

图 1-16　Thonny

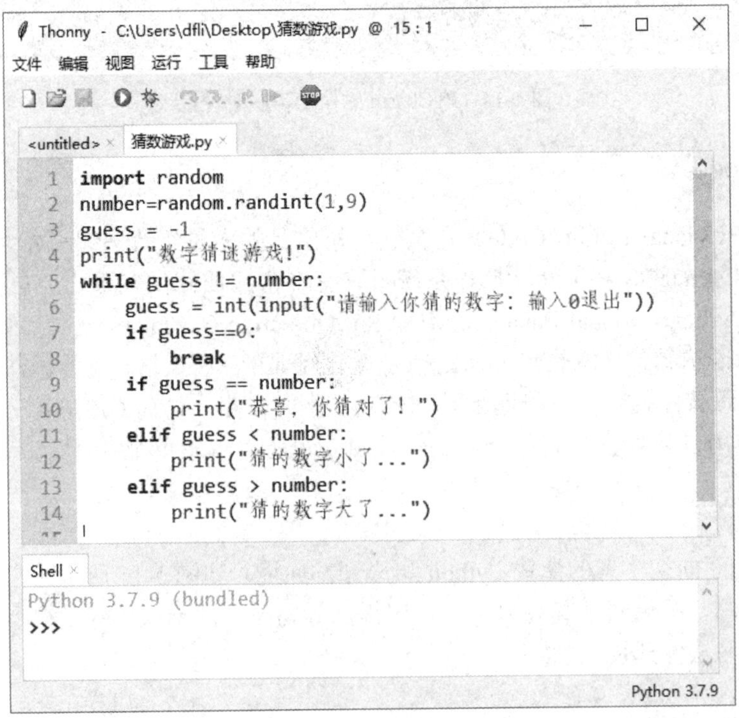

5. PyScripter

如图 1-17 所示为开源的 Python 集成开发环境 PyScripter，可从 GitHub 网站免费下载。其具有语法高亮显示、语法自动补全、语法检查、断点调试等功能，还可以编辑 JavaScript、PHP、HTML、XML 等类型的文件。

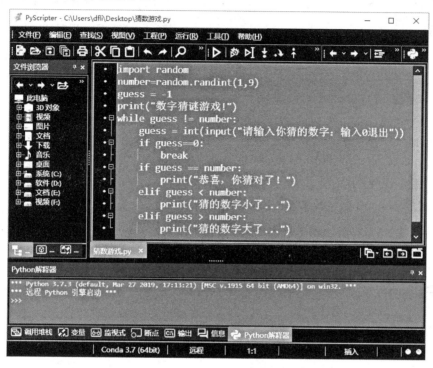

图 1-17　PyScripter

习题 1

　1. 下载并安装 Python 3.x 版，检查系统变量 Path 中的安装路径，体验并编写一个简单的 Python 程序。

　2. 下载并安装一种第三方 IDE，并逐渐熟悉使用它。

获取本章资源

## 第2章

Python的基本语法

本章教学目标:
- 熟悉 Python 的基本语法。
- 理解数值类型的特点及其操作方法。
- 初步掌握字符串数据类型。
- 逐步熟悉 Python 的基本运算、表达式和优先级。

相比其他大多数程序设计语言，Python 的语法更为简洁。

2.1　Python 程序的书写格式与基本规则

2.1.1　基本词法单位

程序设计的基本词法单位通常包括常量、变量、关键字、运算符、表达式、函数、语句、类等。Python 是面向对象的程序设计语言。对象就是把静态特征（属性）和动态行为（方法）封装在一个结构里的事物，Python 中一切皆为对象。

标识符用于标识不同的词法单位，通俗地讲，就是变量、函数等对象的名称。合法的标识符必须遵守以下的构成规则。

- 由一串字符组成，字符可以是任意字母、数字、下画线、汉字，但这串字符的第一个字符不能是数字。
- 不能与关键字同名。关键字也称为"保留字"，是被语言保留起来的、具有特殊含义的词，不能再用于定义名称。

【例 2-1】　查看 Python 的所有关键字。

```
>>> import keyword
>>> keyword.kwlist
['False', 'None', 'True', 'and', 'as', 'assert', 'break', 'class',
'continue', 'def', 'del', 'elif', 'else', 'except', 'finally', 'for',
'from','global','if','import','in','is','lambda','nonlocal','not',
'or', 'pass', 'raise', 'return', 'try', 'while', 'with', 'yield']
```

标识符中唯一能使用的标点符号只有下画线，不能含有其他标点符号（包括空格、括号、引号、逗号、斜线、反斜线、冒号、句号、问号等）。

例如，"x""var1""FirstName""stu_score""平均分 2"等，都是合法的标识符；但是，"stu-score""First Name""2 班平均分"都是不合法的标识符。

变量是指在运行过程中值可以被修改的对象。变量的名称除必须符合标识符的构成规则外，还要尽量遵循一些约定俗成的规范。

- 除循环控制变量可以使用 i 或者 x 这样的简单名称外，其他变量最好使用有意义的名称，以提高程序的可读性。例如，表示平均分的变量应使用 average_score 或者 avg_score，而不建议使用 as 或者 pjf。直接用汉字命名变量也是可以的，例如：

```
>>> 甲 = 2.3
>>> 乙 = 3.2
>>> 甲+乙
5.5
```

　　但由于运算表达式中的符号都必须是英文半角符号，要考虑输入和切换的烦琐，以及编程环境对汉字的兼容等因素，习惯上很少使用汉字命名。
- 用英文名称时，多个单词之间为表示区隔可用下画线连接。Python 标识符是严格区分大小字母的。也就是说，Score 和 score 会被认为是两个不同的对象名称。因此，变量名可使用大小写字母混合的方式，多个单词之间为表示区隔也可把每个单词的首字母大写。
- 用于表示固定不变值的对象（常量）名称一般用全大写英文字母，例如，PI、MAX_SIZE。常量通常被赋予固定值和专用对象名称。例如，PI=3.14 可表示圆周率 π。在一些库中定义了专门表示固定值的对象，例如，math.pi 表示数学库中的圆周率，tkinter.END 表示图形界面库中的文本末尾。
- 因为以下画线开头的变量在 Python 中有特殊含义，所以，自定义名称时，一般不用下画线作为开头字符。

运算符用于指定变量/常量之间进行何种运算，例如，赋值、算术、比较、逻辑等。

表达式由变量/常量和运算符构成。一个表达式中可能包含多次多种运算，与数学表达式在形式上很接近。例如，1+2，2*(x+y)，0<=a<=10 等。

函数是相对独立的功能单位，可以执行一定的任务。其形式上类似于数学函数，例如，math.sin(math.pi/2)。可以使用 Python 内核提供的各种内置（built-in）函数，也可以使用标准模块（如数学库 math）中的函数，以及自定义函数。

语句由表达式、函数调用组成。例如，x=1，c=math.sqrt(a*a+b*b)，print('Hello world!')等。另外，各种控制结构也属于语句，例如，if 语句、for 语句。

类是相似事物的抽象。例如，张三、李四等这几个学生都有学号、姓名、专业等属性，也都有选课、借阅图书等方法，可以抽象出 Student 类，而这些学生个体都是 Student 类的对象。

2.1.2　程序的书写格式与基本规则

Python 程序的书写格式有严格的要求，不按照格式书写有可能导致程序不能正确运行，例如，代码缩进必须按照代码块层次（级别）要求。在《Google 开源项目风格指南》中，还列出了一些常见的书写格式建议。虽然并不影响程序执行结果，但良好的编程风格会显著提升程序的可读性。

1. 缩进

Python 使用缩进来区分代码块的级别。Python 中没有采用花括号或 begin-end 等来分隔代码块，而是使用冒号和代码缩进区分代码块的级别。代码缩进是 Python 重要的语法规则，错误的缩进可能导致代码的含义完全不同。例如：

```
x = 0              # 把 0 赋值给变量 x
if x == 1:         # 判断 x 是否等于 1。如果是，则执行代码块内的两条语句
    x = x + 1      # x 在原来数值基础上再加 1
    print(x)       # 输出变量 x 的值
```

执行结果没有任何输出。因为 print(x) 位于 if 代码块内，和 x=x+1 是同一个级别的，所以都没有被执行。

而下面这段的代码，最后一行的缩进不同：

```
x = 0
if x == 1:          # 判断 x 是否等于 1。如果是，则执行代码块内的一条语句
    x = x + 1
print(x)
```

执行结果会输出 0。因为 print(x) 位于 if 代码块外，和 if 语句是一个级别的，会被执行。

建议在代码前输入 4 个半角空格来表示代码缩进，不推荐其他数量的空格或使用 Tab 键。

部分 Python 编辑器（如 IDLE、VS Code、PyScripter、PyCharm 等）能根据所输入的代码层次关系自动缩进代码，提高编码效率。

2. 分号

Python 语言允许在行尾加分号，或用分号将两条语句放在同一行中。但编程风格规范既不建议加分号，也不建议将多条语句放在同一行中。

3. 长语句行

对超长语句，允许但不提倡使用反斜杠连接行，建议在需要的地方使用圆括号来实现行连接。例如：

```
# 不推荐的写法（用反斜杠连接行）
if year % 4 == 0 and year % 100 != 0 or \
    year % 400 == 0:
```

```
    print('闰年!')
# 建议的写法（用圆括号来实现行连接）
if (year % 4 == 0 and year % 100 != 0 or
    year % 400 == 0):
    print('闰年!')
```

如果一个文本字符串在一行中放不下，也可以使用圆括号来实现隐式行连接：

```
x = ('This will build a very long long '
    'long long long long long long string')
```

4. 圆括号

不建议使用不必要的圆括号。除非用于实现行连接，否则不要在返回语句或条件语句中使用圆括号。例如：

```
if (x):        # x 两侧的圆括号多余
    foo()

if not (x):    # x 两侧的圆括号多余
    foo()

return (x)     # x 两侧的圆括号多余
```

5. 空行

顶级定义之间空两行。变量定义、类定义及函数定义之间，可以空两行。
类内部的方法定义之间，类定义与第一个方法之间，建议空一行。
函数或方法中，如果有必要，可以空一行。

6. 空格

对赋值运算符（=），比较运算符（==，<，>，!=，<>，<=，>=，in，not in，is，is not），布尔运算符（and，or，not）等，在运算符两边各加上一个空格，可以使代码更清晰。而对算术运算符，可以按照自己的习惯决定，但建议运算符的两边保持一致。例如：

```
# 建议的写法
x == 1
# 不推荐的写法
x==1
```

不建议在逗号、分号、冒号前面加空格，但建议在它们后面加空格（除了行尾）。例如：

```
# 建议的写法
if x == 0:
    print(x, y)
x, y = y, x
```

```
# 不推荐的写法
if x == 0 :
    print(x , y)
x , y = y , x
```

参数列表、索引或切片的左括号前不要加空格。例如：

```
# 建议的写法
func(1)
x[1] = y[3:5]
# 不推荐的写法
func (1)
x [1] = y [3:5]
```

当等号用于指示关键字参数或默认参数值时，不建议在其两边加空格。例如：

```
# 建议的写法
def average(sum, num=100): return sum/num
# 不推荐的写法
def average(sum, num = 100): return sum/num
```

不建议用空格来垂直对齐多行间的标记，因为这会成为维护的负担（适用于":""#""="等）。例如：

```
# 建议的写法
    x = 1  # 注释
    score_1 = 2  # 不整齐的注释
    dictionary = {
        "ID": 1,
        "grade": 2,
        }
# 不推荐的写法
    x = 1        # 注释
    score_1 = 2  # 整齐的注释
    dictionary = {
        "ID"    : 1,
        "grade" : 2,
        }
```

注：本书中为方便阅读，注释一般采用对齐方式，实际中不建议这样做。

7. 注释

注释通常以"#"开始直到行尾结束。

行内注释是指和语句在同一行中的注释。行内注释应该以"#"和单个空格开始，并且应该至少用两个空格和前面的语句分开。

注释块通常放在相关代码前面，且注释块应该与代码的缩进一致。注释块中每行以"#"和一个空格开始，注释块内段落之间以仅含单个"#"的行分隔。注释块上、下方最好各空一行。

```
# 建议的写法
# 这个函数用于计算班级所有学生的平均分
#
# 例子：Avg(score2,100)

def Avg(Score,Num):
    pass
```

8. 文档字符串

文档字符串是 Python 独特的注释方式。文档字符串是包、模块、类或函数中的第一条语句。文档字符串可以通过对象的__doc__成员被自动提取。

在书写文档字符串时，应在其前、后均使用三重双引号"""或三重单引号'''。

一个规范的文档字符串应该首先是一行概述，接着是一行空行，最后是文档字符串剩下的部分，并且应该与文档字符串第一行的第一个引号对齐。

【例 2-2】　建议的文档字符串示例。

```
def Avg(Score, Num=100):
    """计算班级的平均分

    从 Score 中读取所有学生的成绩，逐一累加求总分，然后把总分除以人数 Num，结果就
    是平均分，返回该结果

    参数：
        Score：记录所有学生成绩的列表
        Num：班级总人数，默认值为 100

    返回值：
        float 型的平均分
    """
    pass
```

文档字符串可以通过__doc__成员查看，也可以出现在 help()函数的结果里：

```
>>> print(Avg.__doc__)
计算班级的平均分

    从 Score 中读取所有学生的成绩，逐一累加求总分，然后把总分除以人数 Num，结果就
    是平均分，返回该结果

    参数：
        Score：记录所有学生成绩的列表
        Num：班级总人数，默认值为 100

    返回值：
        float 型的平均分
```

```
>>> help(Avg)
Help on function Avg in module__main__:

Avg(Score, Num=100)
    计算班级的平均分

    从 Score 中读取所有学生的成绩，逐一累加求总分，然后把总分除以人数 Num，结果就
    是平均分，返回该结果

    参数：
        Score：记录所有学生成绩的列表
        Num：班级总人数，默认值为 100

    返回值：
        float 型的平均分
```

文档字符串通常用于提供在线帮助信息。

2.2　Python 的基本数据类型

Python 的数据类型包括数值类型和组合数据类型。其中组合数据类型（字符串、列表、元组、字典等）详见第 4 章。本节主要介绍数值类型，并初步介绍组合数据类型中的字符串类型。

2.2.1　数值类型

Python 有 4 种数值类型：整数（int）、浮点数（float）、布尔值（bool）、复数（complex）类型。使用内置函数 type(object)可以返回 object 的数据类型。内置函数 isinstance(obj, class)可以用来测试对象 obj 是否为指定类型 class 的实例。例如：

```
>>> type(1)
<class 'int'>
>>> type(1.0)
<class 'float'>
>>> type('1')
<class 'str'>
```

也可以使用函数 isinstance()来判断某个对象是否属于某个类型。例如：

```
>>> isinstance(1,int)
True
>>> isinstance('1',str)
True
```

1. 整数

整数类型也称整型或 int 型。整数是不带小数部分的数字，如 100、0 和-273。和其他大多数编程语言不同，Python 中整数没有长度限制，甚至可以书写和计算有几百位数字的大整数。例如：

```
>>> 9**100   # 9 的 100 次方
265613988875874769338781322035779626829233452653394495974574961739092490901302182994384699044001
```

Python 中整数的书写支持 4 种数制：十进制、二进制、八进制和十六进制。十进制数直接用默认方式书写，而后三种则需要特殊的前缀，分别是 0b、0o 和 0x，其中的字母也可以用大写字母。在十六进制数中，使用 A～F 这 6 个字母来代表十进制数 10～15，也可以用小写字母 a～f。例如：

```
>>> x = 0b1010
>>> x
10
>>> y = 0o15
>>> y
13
>>> z = 0x2f
>>> z
47
```

2. 浮点数

浮点数类型也称浮点型或 float 型。浮点数是带小数的数字，如 4.、.5 和-2.7315e2。其中 4.相当于 4.0，.5 相当于 0.5，-2.7315e2 是科学记数法，相当于 -2.7315×10^2，即-273.15。

"浮点"（floating-point）是相对于"定点"（fixed-point）而言的，即小数点不再固定于某个位置，而是可以浮动的。在数据存储长度有限的情况下，采用浮点表示方法，在数值变动范围很大或者数值很接近 0 时，仍能保证一定长度的有效数字。

与整数不同，浮点数存在上限和下限。计算结果超出其上限和下限的范围会导致溢出错误。例如：

```
>>> 100.0**100   # 100.0 的 100 次方
1e+200
>>> 100.0**1000   # 100.0 的 1000 次方
Traceback (most recent call last):
  File "<pyshell#83>", line 1, in <module>
    100.0**10000
OverflowError: (34, 'Result too large')
```

注意，浮点数只能以十进制数形式书写。

需要说明的是，计算机不一定能够精确表示程序中书写或计算的实数。有两个原因：

● 因为存储空间有限，计算机不能精确显示无限小数，会产生误差。
● 计算机内部采用二进制数表示，但是，不是所有的十进制实数都可以用二进制数精确表示。由于机内表示浮点数的二进制位数有限，计算结果最后多出的二进制位会被截断，产生的精度误差称为截断误差。

例如：

```
>>> 2/3
0.6666666666666666
>>> 1-2/3
0.33333333333333337
>>> 2.3+5.6
7.8999999999999995
```

3. 布尔值

布尔值类型也称布尔型或 bool 型。布尔值就是逻辑值，只有两种：True 和 False，分别代表"真"和"假"。Python 3.x 中将 True 和 False 定义为关键字，但实质上它们的值仍是 1 和 0，并且可以与数值类型的值进行算术运算。

所有非 0 数字或非空对象的值均为 True。例如：

```
>>> if -3:
        print('True')
True

>>> if '   ':
        print('True')
True
# 含多个空格的字符串值为 True
```

数字 0 和所有空对象，即''、[ ]、()、set()、{}和 None 等均为 False。例如：

```
>>> if '':
        print('True')
else:
    print('False')

False
# 空字符串值为 False
```

下面两条语句比较左右两个值是否相等：

```
>>> 1 == 1.0
True
>>> 123 == '123'
False
```

4. 复数

复数类型也称 complex 型，是 Python 内置的数据类型，使用 1j 表示-1 的平方根。复数对象有两个属性，用于查看其实部（real）和虚部（imag）。例如：

```
>>> (3+4j) * (3-4j)
(25+0j)
>>> (3-4j).real
3.0
>>> (3-4j).imag
-4.0

>>> a = -1
>>> b = a ** 0.5
>>> b
(6.123233995736766e-17+1j)
>>> b.real
6.123233995736766e-17
>>> b.imag
1.0
```

2.2.2　字符串类型

字符串（string）类型属于序列型组合数据类型。字符串是由字符组成的序列，例如，'Python is wonderful!'、'16300240001'、'张三'和''等，其中，''表示空字符串。字符串和数字一样，都是**不可变对象**。所谓不可变，是指不能原地修改对象的内容。例如：

```
>>> a = b = 'abc'
>>> id(a)
2188185863144
>>> id(b)
2188185863144

>>> a = 'ABC'        # 修改 a
>>> id(a)            # a 引用了另一处空间
2188185865720
>>> b                # b 的内容不变，可见，对字符串变量 a 的赋值，并不是原地修改
'abc'
```

1. 字符串界定符

字符串界定符用来区分字符串和其他词法单位，有以下三种形式。

① 单引号，如'', '1+1=2', 'He said "how are you?"'。当字符串中含有双引号时，最好使用单引号作为界定符。

② 双引号，如"", "中国", "It's my book."。当字符串中含有单引号时，最好使用双引号作为界定符。

③ 三引号，可以是连续三个单引号，也可以是连续三个双引号，如'''Hello''', """您好"""。其常用于多行字符串，例如，之前介绍的文档字符串。编程时三引号也可用于注释多行语句。

2. 转义符和原始字符串

转义符是一些特殊的字符。Python 用反斜杠（\）来转义字符，以便表示那些特殊字符，见表 2-1。

表 2-1　常见的转义符

转 义 符	描 述
\\	反斜杠符号
\'	单引号
\"	双引号
\b	退格（Backspace）
\n	换行符
\t	横向制表符
\v	纵向制表符
\r	回车符
\f	换页符
\ooo	用八进制数 ooo 表示的字符，例如，\012 代表换行，因为八进制数 012 就是十进制数 10，而 10 是换行符的编码
\xhh	用十六进制数 hh 表示的字符，例如，\x0a 也代表换行

以下是使用转义符的几个例子：

```
>>> print('a\tb\nc\\')
a    b
c\
>>> "\"Great!\""
'"Great!"'
>>> print("\"Great!\"")
"Great!"
```

若需要显示包含转义符的原始字符串，不让转义符生效，这就要用 r 或 R 来定义原始字符串。例如：

```
>>> print(r'\t\n')
\t\n
```

在上例中，如果不使用原始字符串，就得多次使用转义符'\\'：

```
>>> print('\\t\\r')
\t\r
```

3. 对字符串中字符的操作

字符串中的字符是不能用赋值操作进行改变的。Python 中内置了一些对字符串中字符进行操作的方法，见表 2-2。

表 2-2　Python 中内置的对字符串中字符进行操作的方法

方　　法	意　　义
s.lower()和 s.upper()	将 s 中所有字符转为小写或大写形式，并返回
s.split(sep='')	返回 s 中被 sep 分隔的字符串列表，sep 默认为空格符
s.replace(s1,s2)	返回 s 中所有 s1 被 s2 替代的字符串
s.strip(x)	返回从 s 中去掉两端的字符 x 后的子串，但在 s 中间的字符 x 不能被去掉
a.join(s)	返回在 s 的每个元素之间插入字符串 a 后的新字符串

值得注意的是，执行表 2-2 中的操作后，原字符串 s 并不发生变化。
例如：

```
>>> 'aBcD'.lower()
'abcd'
>>> 'aBcD'.upper()
'ABCD'

>>> 'ab 12 cdE fGH'.split()
['ab', '12', 'cdE', 'fGH']

>>> '第二军医大学'.replace('第二','海军')
'海军军医大学'

>>> ' 甲乙 丙丁 '.strip(' ')     # 通常用于去掉字符串两端的空格
'甲乙 丙丁'

>>> '-'.join('甲乙丙丁')
'甲-乙-丙-丁'
```

4. 字符串长度

使用 len()函数可以确定字符串中包含多少个字符，即字符串的长度。例如：

```
>>> len('Abc 123!')
8
>>> len('中国')
2
>>> len('')
0
>>> len('a\nb\\c')
5
```

5. 字符串连接

利用加法运算符 "+" 可以让两个字符串首尾相连。例如：

```
>>> 'Python ' + 'Programming'
'Python Programming'
>>> 'He said ' + '"It\'s me!"'
'He said "It\'s me!"'
>>> print('He said ' + '"It\'s me!"')
He said "It's me!"
```

从第 2 条语句的输出可以看出，IDLE 的输出自动加了一个 "\"，以免引起歧义。第 3 条语句的输出说明，"\" 实际并不包含在连接结果里。

用字符串对象的 a.join(b)方法可将字符串 b 中的字符用指定字符串 a 连接起来（在 b 的每个字符间插入 a）。例如：

```
>>> a='**'
>>> b='abcd'
>>> a.join(b)
'a**b**c**d'
```

6. 字符串重复

利用乘法运算符 "*" 可以让一个字符串自身多次重复并拼接在一起。例如：

```
>>> 'bla ' * 4
'bla bla bla bla '
>>> 10 * '=*='
'=*==*==*==*==*==*==*==*==*==*='
```

7. 字符大小写转换

利用函数可实现字符串对象中字符大小写的转换。例如：

```
>>> 'abcd'.upper()
'ABCD'    # 将所有字母都转换成大写字母
>>> 'ABCD'.lower()
'abcd'    # 将所有字母都转换成小写字母
>>> 'beautiful is better than ugly.'.capitalize()
```

'Beautiful is better than ugly.'
　　　　# 将字符串首字符都转换成大写字母，其余为小写字母

2.3　Python 的基本运算和表达式

2.3.1　变量的操作

1. 变量的赋值和存储

（1）变量定义

变量定义是通过对变量的第一次赋值来实现的，在 Python 中不需要变量定义语句。

【例 2-3】　变量定义示例。

```
===================== RESTART: Shell =====================
>>> x  # x为未定义的变量，不能访问
Traceback (most recent call last):
  File "<pyshell#176>", line 1, in <module>
    x
NameError: name 'x' is not defined
>>> x = 1   # 对 x 的第一次赋值，也就是对 x 的定义，此后，变量 x 就存在了
>>> x
1
>>> x = 1.5 # 对 x 再次赋值，可以修改变量的值
>>> x
1.5
>>> del x   # 使用 del 语句删除 x，之后变量 x 就不能被访问了
>>> x
Traceback (most recent call last):
  File "<pyshell#182>", line 1, in <module>
    x
NameError: name 'x' is not defined
```

变量必须定义之后才能访问。Python 中的变量比较灵活，同一个变量名称可以先后被赋予不同类型的值，定义为不同的变量对象参与计算。在上面的例子中，x 一开始是整型变量，之后又变成了浮点型变量。

（2）变量删除

使用 del 命令可以删除一个对象（包括变量、函数等），删除之后就不能再访问这个对象了，因为它已经不存在了。当然，也可以通过再次赋值重新定义该变量。

变量是否存在取决于变量是否占据一定的内存空间。当定义变量时，操作系统将内存空间分配给变量，该变量就存在了。当使用 del 命令删除变量后，操作系统释放了变量的内存空间，该变量也就不存在了。

Python 具有垃圾回收机制，当一个对象的内存空间不再使用（引用计数为 0）后，这个内存空间就会被自动释放。所以 Python 不会像 C 语言那样发生内存泄漏，进而导致内存

空间不足，甚至系统死机。Python 的垃圾空间回收是由操作系统自动完成的，而 del 命令相当于程序主动地进行空间释放，将其归还给操作系统。

图 2-1　变量引用的逻辑示意图

（3）变量引用

Python 中的变量实质是引用，其逻辑如图 2-1 所示。

（4）变量修改赋值

Python 中的变量可以通过赋值来修改变量的"值"，但并不是原地址修改。例如，变量 x 先被赋值为 1，然后又被赋值为 1.5，其逻辑如图 2-2 所示。

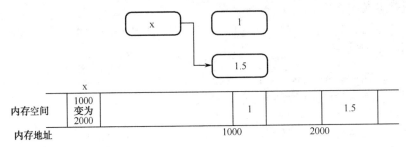

图 2-2　变量修改赋值的逻辑示意图

由图 2-2 可见，并不是变量 x 的值由 1 变成了 1.5，而是另外开辟了一个地址空间存储 1.5，并让 x 指向它。变量的值并不是直接存储在变量里，而是以"值"对象的形式存储在内存某地址中。我们可以说，变量指向那个"值"对象。因此，Python 变量里存放的实际是"值"对象的位置信息（内存地址）。这种通过地址间接访问对象数据的方式，称为引用。

使用 id() 函数可以确切地知道变量引用的内存地址，使用运算符 is 可以判断两个变量是否引用同一个对象。例如：

```
>>> x = 1
>>> id(x)     # 使用 id(x) 查看 x 引用的地址
1559482096
>>> x = 2
>>> id(x)     # 再次查看，发现 x 引用的地址变了
1559482128
>>> y = 2
>>> id(y)     # 发现 y 和 x 引用的是同一个对象
1559482128
>>> x = 'Hello'
>>> y = 'Hello'
>>> x is y    # 利用运算符 is 可以判断两个变量是否引用的是同一个对象
True
```

显然，x 和 y 都被赋值为相同的小整数或者短字符串时，两个变量所引用的是同一个对象，这也被称为"驻留机制"。这是 Python 为提高效率所做的优化，节省了频繁创建和销毁对象的时间，也节省了存储空间。但是，当两个变量赋值为相同的大整数或者长字符串时，默认引用的是两个不同的对象。例如：

```
>>> x = 10**1000
>>> y = 10**1000
>>> x is y
False
>>> x = 'Good morning.'
>>> y = 'Good morning.'
>>> x is y
False
```

我们可以利用变量之间的赋值，来让两个变量引用相同的对象。例如：

```
>>> y = x
>>> x is y
True
```

2. 变量类型的转换

Python 是动态强类型语言。虽然书写表达式时无须为对象声明类型，但当一个变量对象被赋值时，这个对象的类型就固定了，不能隐式转换成另一种类型。当运算需要时，必须进行显式的变量类型转换。例如，input()函数所获得的输入值总是字符串，但有时需要将其转换为数值类型，方能进行算术运算。对于较为复杂的表达式，如果难以确定变量类型，可以用 type()函数进行测试。例如：

```
>>> x = input('请输入一个整数：')
请输入一个整数：1
>>> x
'1'
>>> type(x)
<class 'str'>
>>> int(x)
1
>>> type(int(x))
<class 'int'>
```

变量的类型转换并不是对变量原地进行修改，而是产生一个新的预期类型的对象。通常转换目标类型的名称就是类型转换的内置函数名称。

（1）float()函数。将其他类型数据转换为浮点数。例如：

```
>>> float(1)
1.0
>>> float('1.23')
1.23
>>> float('1.2e-3')
0.0012
>>> float('1.2e-5')
1.2e-05
```

（2）str()函数。将其他类型数据转换为字符串。例如：

```
>>> str(1)
'1'
>>> str(-1.0)      # 转换之后不会省略小数部分，因为-1 和-1.0 的类型不同
'-1.0'
>>> str(1.2e-3)
'0.0012'
>>> str(1.2e-5)
'1.2e-05'
>>> str(1.0e-5)   # 转换之后省略了'.0'，因为 1e-5 和 1.0e-5 都是浮点数
'1e-05'
```

从上述最后两个例子我们可以看出，Python 会尽可能转换成字符串长度较短的形式，以节省空间。

（3）int()函数。将其他类型数据转换为整数。例如：

```
>>> int(3.14)
3
>>> int(3.5)       # 不是四舍五入取整，而是扔掉所有小数部分
3
>>> int(True)      # 布尔值 True 相当于整数 1
1
>>> int(False)     # 布尔值 False 相当于整数 0
0
>>> int('3')
3
>>> int('3.5')     # 有的字符串不能直接转换为整数
Traceback (most recent call last):
  File "<pyshell#51>", line 1, in <module>
    int('3.5')
ValueError: invalid literal for int() with base 10: '3.5'
>>> int(float('3.5'))   # 应该分两步转换
3
```

（4）round()函数。将浮点数圆整为整数。例如：

```
>>> round(1.4)
1
>>> round(1.5)     # 向上圆整
2
>>> round(2.5)     # 向下圆整为 2
2
```

圆整计算总是"四舍"，但并不一定总是"五入"。因为总是逢五向上圆整会带来计算概率的偏差，所以，Python 采用的是"银行家圆整"：将小数部分为.5 的数字圆整为最接近

的偶数，即"四舍六入五留双"。

（5）bool()函数。将其他类型数据转换为布尔值。例如：

```
>>> bool(0)       # 将 0 转换为 False
False
>>> bool(-1)      # 将所有非 0 值转换为 True
True
>>> bool('a')     # 将非空字符串转换为 True
True
>>> bool('')      # 将空字符串转换为 False
False
```

可见，数值 0 和空字符串被转换为布尔值 False，非 0 值和非空字符串被转换为布尔值 True。

（6）chr()和 ord()函数。进行整数和字符之间的相互转换：chr()将整数按 ASCII 码转换为对应的字符；ord()是 chr()的逆运算，将字符转换为对应的 ASCII 码或 Unicode 值。例如：

```
>>> chr(65)
'A'
>>> ord('a')
97
>>> ord('字')
23383
>>> chr(23383)
'字'
```

（7）eval()函数。将字符串类型的算术表达式转换为其执行结果，返回表达式的值。例如：

```
>>> eval('1+2*3')
7

>>> import math
>>> eval('2.035**2+math.sin(2.3)')
4.88693021217672
```

2.3.2　运算符

Python 支持算术运算符、赋值运算符、关系运算符、逻辑运算符等基本运算符。

按照运算所需要的操作数数目，可以分为单目、双目、三目运算符。

● 单目运算符只需要一个操作数。例如，单目减（-）、逻辑非（not）。

● 双目运算符需要两个操作数。Python 中的大多数运算符是双目运算符。

● 三目运算符需要三个操作数。条件运算是三目运算符，例如，b if a else c。

运算符具有不同的优先级。我们熟知的"先乘除后加减"就是优先级的体现。只不过，

Python 运算符种类很多，优先级也分成了高低不同的很多层次。当一个表达式中有多个运算符时，将按优先级从高到低依次运算。

运算符还具有不同的结合性：左结合或右结合。当一个表达式中有多个运算符，且优先级都相同时，将根据结合性来判断运算的先后顺序。

- 左结合就是自左至右依次运算。Python 运算符大多是左结合的。
- 右结合就是自右至左依次运算。所有的单目运算符和圆括号()都是右结合的。实际上，圆括号是自右向左依次运算的，即内层的圆括号更优先，从内向外运算。

以上所说的通过优先级、结合性来决定运算顺序，只在没有圆括号的情况下成立。使用圆括号可以改变运算符的运算顺序。

2.3.3　算术运算

Python 的算术运算符见表 2-3。

表 2-3　Python 的算术运算符

运 算 符	描 述	实 例
+	加法	5+2 返回 7，5.5+2.0 返回 7.5
−	减法	5−2 返回 3，5.5−2.0 返回 3.5
*	乘法	5*2 返回 10，5.5*2.0 返回 11.0
/	浮点除法	5/2 返回 2.5，5.5/2.0 返回 2.75
//	整除，返回商	5//2 返回 2，5.5//2.0 返回 2.0
%	整除，返回余数，也叫取模	5%2 返回 1，5.5%2.0 返回 1.5
**	幂	5**2 返回 25，5.5**2.0 返回 30.25

算术运算符的优先级，按照从低到高的顺序（同一行的优先级相同）排列如下：

加减+，−
乘除*，/，//，%
单目+，单目−
幂**

再看几个例子：

```
>>> x = 1
>>> -x        # -也可以作为单目运算符
-1
>>> 5 % 3
2
>>> -5 % 3    # 余数的正负号和除数一致
1
>>> 5 % -3
```

```
-1
>>> -5 % -3
-2
```

以上的例子都是相同类型数据之间的运算。如果是不同类型数据之间的运算，会发生隐式类型转换。转换规则是：低类型向高类型转换。可以进行算术运算的各种数据类型，从低到高排列为：bool 型< int 型< float 型< complex 型。例如：

```
>>> True + 1
2
>>> True + 1.5
2.5
>>> True + 1j
(1+1j)
>>> 1 + 1.5
2.5
```

常用的 Python 数学运算类的内置函数见表 2-4。

表 2-4　常用的 Python 数学运算类的内置函数

函 数 名	描　　述	实　　例
abs	求绝对值	abs(-5)返回 5，abs(-5.0)返回 5.0
divmod	取模，返回商和余数	divmod(5,2)返回(2,1)
pow	乘方	pow(5,2)返回 25，pow(5.0,2.0)返回 25.0
round	圆整（四舍六入五留双）	round(1.5)返回 2，round(2.5)返回 2
sum	可迭代对象求和	sum([1,2,3,4])返回 10
max	求最大值	max(3,1,5,2,4)返回 5
min	求最小值	min(3,1,5,2,4)返回 1

math 模块中的函数见表 2-5。

表 2-5　math 模块中的函数

函 数 名	描　　述	实　　例
fabs	求绝对值，返回浮点数	fabs(-5)返回 5.0
ceil	求大于或等于参数的最小整数	ceil(2.2)返回 3，ceil(-5.5)返回-5
floor	求小于或等于参数的最大整数	floor(2.2)返回 2，floor(-5.5)返回-6
trunc	截取为最接近 0 的整数	trunc(2.2)返回 2，trunc(-5.5)返回-5
factorial	求整数的阶乘	factorial(5)返回 120
sqrt	求平方根	sqrt(5)返回 2.23606797749979
exp	以 e 为底的指数函数	exp(2)返回 7.38905609893065
log	求对数	log(math.e)返回 1.0，log(8,2)返回 3.0

math 模块中还包含了两个数学运算中的常量。

● math.pi：数学常量 π，math.pi = 3.141592653589793。
● math.e：数学常量 e，math.e = 2.718281828459045。

使用 math 模块前要先导入，使用函数时要在函数名前面加上"math."。例如：

```
>>> import math
>>> math.pi * math.sqrt (5)
7.024814731040727
```

如果要频繁使用某单一模块中的函数，为避免每次写模块名的麻烦，也可以按下面的方式导入：

```
>>> from math import *
>>> pi * sqrt (5)
7.024814731040727
```

这样，就可以像内置函数那样来使用模块函数了。但是多个模块中可能有同名函数，如果都按这种方式导入，则会产生名字冲突的问题。

2.3.4 输入与输出语句

Python 程序一般并不会被编译成二进制可执行程序脱离 Python 环境独立运行，而是以解释方式运行。通常 Python 程序以纯文本形式保存为带.py 扩展名的程序文件，每次运行程序时都需要由 Python 解释器对程序文件进行解释并执行。

计算机程序通常通过输入语句、输出语句作为程序的入口和出口。

1. 输入语句

输入语句用于在程序运行时从输入设备获得数据。标准输入设备就是键盘。通过 input( )函数可以获取键盘输入数据。一般格式如下：

```
x = input(<提示字符串>)
```

input( )函数首先输出提示字符串，然后等待用户键盘输入，直到用户按回车键结束，函数最后返回用户输入的字符串（不包括最后的回车符），系统继续执行 input( )函数后面的语句。例如：

```
>>> name=input("请输入您的专业：")
```

系统会弹出字符串"请输入您的专业："，等待用户输入，用户输入内容并按回车键后，相应的输入内容将被保存到变量 name 中。

如果需要将输入的字符串转换为其他类型（如整型、浮点型等），调用对应的转换函数即可。

2. 输出语句

输出语句用于将程序的运行结果显示在输出设备上，供用户查看。标准输出设备就是显示器屏幕。一般格式如下：

```
print(<输出值1>[,<输出值2>, … , <输出值n>, sep=' ', end='\n'])
```

通过 print()函数可以将多个输出值转换为字符串并且输出，这些值之间以 sep 分隔，最后以 end 结束。sep 默认值为空格符，end 默认值为换行符。

【例 2-4】　输出语句示例。

```
print('abc',123)
x = 1.5
x
print(x)
```

运行程序，输出结果如下：

```
abc 123
1.5
```

上述两行输出是两个 print()函数执行的结果。本例代码第 3 条语句中的 x 并没有任何输出。这说明，只有在命令提示符>>>后面检查某个变量或表达式的值时，才能看到输出显示。而如果在.py 程序运行的模式下，必须使用 print()函数才会有输出显示。

第 1 行输出结果'abc 123'，是由本例代码第 1 条语句 print('abc',123)输出的。可以看出，两个输出项之间自动添加了空格，这是因为 print()函数的参数 sep 默认值为空格符。如果希望输出项之间是逗号，则可以把本例代码第 1 条语句改为：

```
print('abc',123,sep=',')
```

本例代码第 4 条语句 print(x)的输出结果是另起一行输出 1.5。这是因为 print()函数的参数 end 默认值为换行符（'\n'），所以在第 1 行输出之后自动添加了一个换行符。如果不需要换行，可以将下一个 print()函数的输出字符串直接连在其后，也可使用 end=''。如果希望不换行而是加一个逗号，则可以把第 1 条语句改为：

```
print('abc',123,sep=',',end=',')
```

修改程序后的输出结果如下：

```
abc,123,1.5
```

2.3.5　赋值、关系和逻辑运算

1. 赋值运算符

赋值运算符用 "=" 表示，一般形式如下：

```
变量 = 表达式
```

其左边只能是变量，而不能是常量或表达式。例如，5=x 或 5=2+3 都是错误的。

注意，Python 中的赋值运算是没有返回值的。也就是说，赋值操作不显示运算结果，只有效果——变量的值被改变了。

例如：

```
>>> x = 1
>>> y = x
>>> y
1
>>> x = 1.5
>>> x
1.5
>>> y
1
```

注意，程序中的 y=x 不是数学中的等式，不代表 y 恒等于 x，不符合数学的交换律。赋值只是一个瞬间动作。

除基本赋值外，赋值还包括序列赋值、多目标赋值和复合赋值等（详见 2.3.7 节）。

2. 关系运算符

关系运算符也称为比较运算符，可以对数值类型或字符串类型的数据进行大小比较，返回一个布尔值（True 或 False），见表 2-6。

所有关系运算符的优先级相同。

表 2-6 关系运算符

运 算 符	描 述	实 例
>	大于	5>2 返回 True，'5'>'12'返回 True
>=	大于或等于	'a'>='A'返回 True，'ab'>='a'返回 True
<	小于	5<2 返回 False，'5'<'12'返回 False
<=	小于或等于	'a'<='A'返回 False，'ab'<='a'返回 False
==	等于	5==2 返回 False，'5'==5 返回 False
!=	不等于	5!=2 返回 True，'5'!=5 返回 True
is	等于	5 is 2 返回 False，'5' is 5 返回 False
is not	不等于	5 is not 2 返回 True，'5' is not 5 返回 True

特别要注意的是，关系运算符中"等于"使用的是双等号"=="，而不是"="，这是初学者常犯的错误。

在比较过程中，应遵循以下规则。

① 若两个操作数是数值类型的，则按大小进行比较。

② 若两个操作数是字符串类型的，则按"字典顺序"进行比较：首先取两个字符串的

第 1 个字符进行比较，较大的字符所在的字符串更大；如果相同，则再取两个字符串的第 2 个字符进行比较，其余类推。结果有三种情况：第一种，某次比较分出胜负，较大的字符所在字符串更大；第二种，始终不分胜负，并且两个字符串同时取完所有字符，那么这两个字符串相等；第三种，在分出胜负前，一个字符串已经取完所有字符，那么这个较短的字符串较小。第三种情况也可以认为是空字符和其他字符的比较，空字符总是最小的。

常用字符的大小关系为：空字符 < 空格符 < '0'～'9' < 'A'～'Z' < 'a'～'z' < 汉字。

比较浮点数是否相等时要注意的是，因为有精度误差，可能产生本应相等但比较结果却不相等的情况。例如：

```
>>> a= 0.1 + 0.1 + 0.1
>>> a == 0.3
False
>>> a
0.30000000000000004
```

我们可以用两个浮点数的差距小于一个极小值来判定是否"应该相等"，这个"极小值"可以根据需要自行指定。例如：

```
>>> epsilon = 1e-6
>>> abs(a-0.3) < epsilon
True
```

复数不能比较大小，只能比较是否相等。

Python 允许 x<y<z 这样的链式比较，它相当于 x<y and y<z。甚至可以用 x<y>z（此式并非链式比较，但允许），相当于 x<y and y>z。例如：

```
>>> x=3
>>> 2<x<5
True

>>> 4>x<5
True
```

3. 逻辑运算符

逻辑运算符见表 2-7。

表 2-7 逻辑运算符

运 算 符	描　　述	例　　子
and	逻辑与。只有两个操作数都为真，结果才为真	True and True 返回 True
or	逻辑或。只要有一个操作数为真，结果就为真	False or False 返回 False
not	逻辑非。单目运算符，反转操作数的逻辑状态	not True 返回 False

逻辑运算符的优先级按照从低到高的顺序排列为：or < and < not。

or 是一个短路运算符，如果左操作数为 True，则跳过右操作数的计算，直接得出结果为 True。只有在左操作数为 False 时，才会计算右操作数的值。

and 也是一个短路运算符，如果左操作数为 False，则跳过右操作数的计算，直接得出结果为 False。只有在左操作数为 True 时，才会计算右操作数的值。

短路运算可以节省不必要的计算时间，而且 Python 会按照"最贪婪"的方式进行短路，以至于看上去跨越了优先级次序。例如：

```
>>> a,b,c = 1,2,3
>>> a == 1 or b==2 and c==3
True
```

在这个例子中，b == 2 and c == 3 全部被短路了，并不会因为优先级高而先计算 and。证明方法是，把上面的例子改写成下面的形式：

```
>>> def equal(x,v):    # 定义一个比较相等的函数
    print(x)           # 如果函数被执行，则输出
    return x == v
>>> a==1 or equal(b,2) and equal(c,3)
True
```

equal()函数并没有被执行，说明 equal(b,2) and equal(c,3)全都被短路了。

2.3.6 表达式

表达式由运算符和参与运算的数（操作数）组成。操作数可以是常量、变量，也可以是函数的返回值。

按照运算符的种类，表达式可以分成算术表达式、关系表达式、逻辑表达式、测试表达式等。

多种运算符混合运算形成复合表达式，按照运算符的优先级和结合性依次进行运算。当存在圆括号时，运算顺序会发生变化。

很多运算对操作数的类型有要求，例如，加法（+）要求两个操作数类型一致，当操作数类型不一致时，可能发生隐式类型转换。例如：

```
>>> x,y = 1,1.5
>>> a = x + y     # 整数和浮点数混合运算，整数隐式转换为浮点数
>>> a             # 结果为浮点数
2.5
```

差别较大的数据类型之间可能不会发生隐式类型转换，需要进行显式类型转换。例如：

```
>>> '3' + 1
Traceback (most recent call last):
  File "<pyshell#304>", line 1, in <module>
    '3' + 1
TypeError: Can't convert 'int' object to str implicitly
>>> int('3') + 1
4
>>> '3' + str(1)
'31'
```

常见运算符的优先级，按照从低到高的顺序排列（同一行优先级相同）如下：

逻辑或 or

逻辑与 and

逻辑非 not

赋值和复合赋值=, +=, -=, *=, /=, //=, %=, **=

关系>, >=, <, <=, ==, != , is, is not

加减+, -

乘除*, /, //, %

单目+, 单目-

幂**

索引[ ]

表达式结果类型由操作数和运算符共同决定。

● 关系、逻辑和测试运算的结果一定是逻辑值。

● 字符串进行连接（+）和重复（*）的结果还是字符串。

● 整型操作数进行算术运算的结果大多还是整型的。浮点除法（/）的结果是浮点型的。幂运算的结果可能是整型的也可能是浮点型的，例如，5 ** -2 返回 0.04。

● 浮点型操作数进行算术运算的结果还是浮点型的。

2.3.7　赋值语句

1. 单变量赋值

使用赋值号（=）将右边的值（表达式）赋给左边变量的语句称为赋值语句。例如：

```
>>> name="张三"
>>> age=18
>>> score=82.5
>>> value=3+2j
```

上述 4 条赋值语句分别实现：为变量 name 赋值一个字符串，为变量 age 赋值一个整数，为变量 score 赋值一个浮点数，为变量 value 赋值一个复数。

2. 序列赋值

例如：

```
>>> x,y = 1,1.5
>>> print(x,y)
1 1.5
```

序列赋值可以为多个变量分别赋予不同的值，变量之间用英文逗号隔开。实际上，这是利用元组和序列解包（sequence unpacking）实现的。

例如：

```
>>> first, second, third, fourth, fifth="hello"
```

上述语句的功能是将 5 个字符依次赋值给 5 个变量，first 的值为"h"，second 的值为"e"，其余类推。

又如：

```
>>> name, age, score, value="李四", 20, 95.5, 8+5j
```

上述语句的功能是分别将右侧的 4 个值赋值给左边的 4 个变量，name 的值为"李四"，age 的值为 20，其余类推。

Python 可以通过序列赋值语句实现两个变量值的交换。例如：

```
>>> math,english=80,75
>>> math,english=english,math
```

执行以上两条语句之后，math 与 english 的值发生了互换，math 的值为 75，english 的值为 80。

3. 多目标赋值

多目标赋值就是将同一个值赋值给多个变量。例如：

```
>>> first=second=third="welcome"
```

执行以后，first、second、third 三个变量的值均为"welcome"。

多目标赋值通常只用于赋予数值或字符串这种不可变类型，如果欲赋予可变类型（如列表类型，见第 4 章），则可能会出现问题。

4. 复合赋值

复合赋值是运算操作与赋值操作的组合。复合赋值语句是用复合运算符（包括算术复合运算符和位复合运算符）的赋值语句。复合赋值运算符的优先级与赋值运算符的一样。其中，+=（加等于），-=（减等于），*=（乘等于），/=（除等于），%=（取余等于），**=（幂等于），//=（整除等于）为算术复合赋值运算符（见表 2-8）。例如：

表 2-8　算术复合赋值运算符

运 算 符	描 述	实 例
+=	加法赋值运算符	a+=b 等价于 a=a+b
-=	减法赋值运算符	a-=b 等价于 a=a-b
*=	乘法赋值运算符	a*=b 等价于 a=a*b
/=	浮点除法赋值运算符	a/=b 等价于 a=a/b
//=	整除赋值运算符	a//=b 等价于 a=a//b
%=	取模赋值运算符	a%=b 等价于 a=a%b
**=	幂赋值运算符	a**=b 等价于 a=a**b

```
>>> age = 18
>>> age += 3  # 等价于 age=age+3，将 age+3 的值再赋给变量 age，age 的值为 21
>>> age /= 3  # 等价于 age=age/3，将 age/3 的值再赋给变量 age，age 的值为 7.0
```

而 <<=（左移等于），>>=（右移等于），&=（与等于），|=（或等于），^=（异或等于）等运算符为位复合赋值运算符。例如：

```
>>> age = 5
>>> age<<=2 # 等价于 age=age<<2，将 age<<2 的值再赋给变量 age，age 的值为 20
>>> age&= 3 # 等价于 age=age&3，将 age&3 的值再赋给变量 age，age 的值为 0
```

习题 2

一、选择题

1. 以下选项中不符合 Python 语言变量命名规则的是_____。
A）A　　　　　　　B）break　　　　　　C）_AI　　　　　　D）TempStr

2. 以下选项中不符合 Python 语言变量命名规则的是_____。
A）X　　　　　　　B）3_1　　　　　　　C）_ss　　　　　　D）InputStr

3. 可以使用_____接收用户的键盘输入。
A）input 命令　　B）input()函数　　　C）int()函数　　　D）format()函数

4. 下面_____不是合法的整数数字。（多选）
A）0x1e　　　　　B）1e2　　　　　　　C）0b1001　　　　D）0o29

5. 下面_____是非法变量名。（多选）
A）my-name　　　B）complex　　　　　C）_address　　　D）'ID'

6. 下面_____不是"+"的用法。
A）字符串连接　　B）算术加法　　　　C）逻辑与　　　　D）单目运算

7. 下面运算符优先级最高的是_____，最低的是_____。
A）and　　　　　B）+　　　　　　　　C）*=　　　　　　D）==

8. 下面运算结果不是浮点型的有_____。
A）2 * 0.5　　　B）2 ** -1　　　　　C）5 // 2　　　　　D）18 / 3

9. 表达式 3 * (2 + 12 % 3) ** 3 / 5 的结果是_____。
A）129.6　　　　B）4　　　　　　　　C）43.2　　　　　D）4.8

10. 数学关系表达式 -1<x<1，表示成 Python 表达式应该是_____。（多选）
A）-1 < x < 1　　B）-1 < x and < 1　　C）-1 < x and x < 1　　D）-1 < x or x < 1

11. 数学表达式 $xy/(0.5z)$，表示成 Python 表达式应该是_____。
A）xy / 0.5 / z　B）x * y / 0.5 z　　C）x * y / 0.5 * z　　D）x * y / (0.5*z)

二、填空题

1. _____是 Python 语言中的注释符。

2. Python 语言使用_____作为转义符的开始符号。

3. Python 中的数值有 4 种数据类型：_____、_____、_____和_____。

4. 判断 n 是偶数的 Python 表达式应为_____。

获取本章资源

## 第 3 章

Python程序的基本流程控制

本章教学目标:
- 了解计算思维和程序设计基本方法。
- 理解并掌握程序设计的三种基本结构。
- 熟练运用三种基本结构解决各种顺序、选择及重复执行的问题。
- 初步掌握程序的调试方法。

第 2 章介绍了 Python 的基本语法,本章将学习程序设计的三种基本结构:顺序结构、分支结构及循环结构,并尝试采用这三种基本结构来设计程序以解决问题。

3.1 计算思维和程序设计基本方法

3.1.1 计算思维

计算思维(Computational Thinking, CT)的概念由美国科学家周以真(Jeannette M. Wing)教授于 2006 年在计算机权威期刊 *Communications of the ACM* 中提出:计算思维是运用计算机科学的基础概念进行问题求解、系统设计,以及人类行为理解等涵盖计算机科学之广度的一系列思维活动。计算思维主要通过抽象、转化、仿真、迭代等方法,把一个复杂困难的现实问题转化为一个人类知道的、可以利用计算机自动解决的问题。与具备传统的"阅读、写作、算术"能力一样,计算思维能力是信息时代每个人应该拥有的基本思维能力。

人类的科学思维主要包括实证思维、逻辑思维和计算思维。其中,实证思维以观察和归纳为特征,以物理学科为代表;逻辑思维以推演和演绎为特征,以数学学科为代表;计算思维以有限性、确定性和机械性为特征,以计算学科为代表。值得注意的是,计算思维是人的思想和方法,而不是计算机的思维方式。计算思维与逻辑思维的区别在于,计算思维的语义必须是确定性的,不能出现二义性;计算思维的结论必须是有限的,在计算机中不允许出现数学中趋于无穷性的解;计算思维的执行方式必须是机械的,可以通过具体步骤来实现。

计算思维的本质是抽象和自动化,即在充分理解计算过程能力和限制的基础上,将生活和工作中的复杂问题选择合适的方式进行分解和化简(抽象),转化为计算机所能处理的简单问题,并通过编写或调用程序自动解决该问题(自动化)。逻辑思维注重演绎,往往可以从原理上推演结果；而计算思维则更注重自动化实现，往往基于机械累加等简单重复步骤实现复杂的计算（可从例 3-15 中体会到）。

计算思维的影响已经渗透到物理学、化学、生物学、医学等各类不同学科，其中 Python 以其语法简洁、类库丰富等优点，成为计算思维在各学科中应用的一种有效工具。

3.1.2   程序设计基本方法

众所周知，现代计算机的基本结构为冯·诺依曼结构，它包括五大部分：输入设备、运算器、控制器、存储器及输出设备。程序设计遵循的基本模式为 IPO（Input，Process，Output），即程序通过输入设备输入计算机中，经过运算器、控制器及存储器的相互合作完成各类算法处理工作，最后通过输出设备输出运算结果。其中，输入方式包括交互界面输入、文件输入、网络输入等，输出方式包括屏幕输出、文件输出、网络输出等。

程序设计方法主要包括面向过程的结构化设计方法、面向对象的程序设计方法等。其中，结构化设计方法是程序设计的基本方法，它包含三种基本结构：顺序结构、分支结构及循环结构。顺序结构指程序按照语句顺序逐条执行，分支结构指程序根据不同的条件执行不同的分支语句，循环结构指程序根据特定的条件重复执行部分语句。这三种结构都具备只有一个入口和一个出口的共同特点，从而使得程序结构层次清晰、简单易懂。

在设计一个程序解决较为复杂的问题时，通常采取自上而下的设计方法，先做顶层设计，然后将复杂问题进行分解，转化为若干个可独立解决的简单的子问题，"分而治之"。每个子问题均可使用顺序结构、分支结构、循环结构或它们的组合进行描述，即基于三种基本结构、借助于某种编程语言实现简单问题的代码编写和自动执行，从而得到简单子问题的解。采用自上而下的程序设计过程，可以暂不关心过程实现的细节，可以看作对功能算法的抽象。

而在程序编写完成后，执行程序所关心的是过程自动化实现的细节。对程序的测试通常采用自下而上的执行方法，从测试运行每个包含基本结构的细节实现模块开始，逐步上升到执行整个程序。

3.2   顺序结构

程序工作的一般流程：数据输入、运算处理、结果输出。顺序结构是指为了解决某些实际问题，自上而下地依次执行各条语句，其流程图如图 3-1 所示。

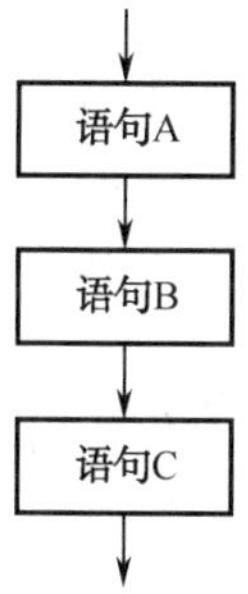

例如：

```
dad = int(input("请输入爸爸的年龄："))
son = int(input("请输入儿子的年龄："))
difference = dad - son
print("爸爸与儿子的年龄差为：", difference)
```

图 3-1   顺序结构流程图

下面通过几个例子学习如何使用顺序结构解决各种常见问题。

【例 3-1】 编写程序，从键盘输入语文、数学、英语三门功课的成绩，计算并输出平均成绩，要求平均成绩保留 1 位小数。

程序的执行流程：输入三门功课的成绩，计算平均成绩，输出平均成绩。输入时，使用转换函数将字符串转换为浮点数；输出时，采用格式输出方式控制小数点的位数。代码如下：

```
chinese = float(input("请输入您的语文成绩："))
math = float(input("请输入您的数学成绩："))
english = float(input("请输入您的英语成绩："))
average = ( chinese + math + english)/3
print("您的平均成绩为：%.1f" % average)
```

【例 3-2】 编写程序，从键盘输入圆的半径，计算并输出圆的周长和面积。

在计算圆的周长和面积时需要使用 π 的值，Python 的 math 模块中包含常量 pi，通过导入 math 模块可以直接使用该值，然后使用周长和面积公式进行计算即可。代码如下：

```
import math
radius = float(input("请输入圆的半径："))
circumference = 2*math.pi*radius
area = math.pi*radius*radius
print("圆的周长为：%.2f" % circumference)
print("圆的面积为：%.2f" % area)
```

【例 3-3】 编写程序，从键盘输入年份，输出当年的年历。

Python 的内置日历模块 calendar 有下列常用函数。

- calendar. weekday(year, month, day)：获取指定日期为星期代码整数，0 为星期一，1 为星期二，其余类推。
- calendar. monthcalendar(year, month)：返回 year 年 month 月中以日期为一维元素列表，以每周日期列表为元素的二维列表。
- calendar. month(year, month)：以多行文本字符串格式返回 year 年 month 月的日历。
- calendar. calendar(year)：以多行字符串形式返回 year 年的日历。

导入 calendar 模块，然后调用该模块中的函数 calendar(year)即可得到该年的日历。代码如下：

```
import calendar
year = int(input("请输入年份："))
table = calendar.calendar(year)
print(table)
```

3.3　分支结构

分支结构可以分为单分支结构和多分支结构，用于解决生活中形形色色的选择问题。在 Python 中，这两种结构分别用 if 语句和 if-elif-else 语句描述。

3.3.1　if 语句

if 语句为单分支结构，仅处理条件成立的情况，其流程图如图 3-2 所示。从图中可以看出，当表达式的值为真时，执行相应的语句块（一条或多条语句）；当表达式的值为假时，直接跳出 if 语句，执行其后面的语句。

书写格式：关键字 if 与表达式之间用空格隔开，表达式后接英文冒号；语句块中的全部语句均缩进 4 个空格，如图 3-3 所示。

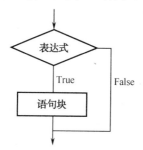

图 3-2　单分支结构流程图　　　图 3-3　单分支结构书写格式

例如：

```
name = input("请输入您的姓名：")
age = int(input("请输入您的年龄："))
if age>=18:
    print(name,"已经成年")
    print("符合驾照考试规定")
```

3.3.2　if-elif-else 语句

if-elif-else 语句为多分支结构，主要用于处理有多个条件的情况，从而解决现实生活中复杂的多重选择问题，其流程图如图 3-4 所示。如果表达式 1 的值为真，则执行相应的语句块 A；如果表达式 1 的值为假，则继续判断表达式 2 的值，如果表达式 2 的值为真，则执行语句块 B；如果表达式 2 的值也为假，则继续判断表达式 3 的值，其余类推，直到所有的表达式都不满足（表达式的个数为 1 个或多个）为止，然后执行 else 后面的语句块。

书写格式：关键字 if 与表达式 1 之间用空格隔开，表达式 1 后接英文冒号；所有关键字 elif 均与关键字 if 左对齐，elif 与其后的表达式之间用空格隔开，表达式后接英文冒号；关键字 else 与关键字 if 左对齐，后接英文冒号；所有语句块左对齐，即所有语句块中的全部语句均缩进 4 个空格，如图 3-5 所示。

例如：

```
name=input("请输入您的姓名：")
chinese=float(input("请输入语文成绩："))
math=float(input("请输入数学成绩："))
english=float(input("请输入英语成绩："))
```

```
average=(chinese+math+english)/3
if average>=85:
    print(name," 获一等奖")
elif average>=75:
    print(name," 获二等奖")
elif average>=60:
    print(name," 获三等奖")
else:
    print(name,"没有获奖")
```

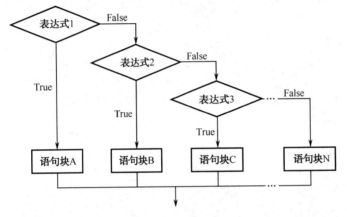

图 3-4　多分支结构流程图　　　　图 3-5　多分支结构书写格式

　　如果只考虑一种表达式成立或不成立的结果（没有 elif 分支），则多分支的 if 结构转化为双分支的 if 结构。

　　例如：

```
name=input("请输入您的姓名：")
score=float(input("请输入您的成绩："))
if score>=60:
    print(name,"通过考试")
    print("可以获得证书")
else:
    print(name,"未通过考试")
    print("不能获得证书")
```

在使用分支结构时，需要注意以下事项：

　　① 表达式可以是任意类型，如 5>3、x==y、x and y>z、3、0 等。其中，3 表示恒真（True），而 0 表示恒假（False）。

　　② 可以仅有 if 子句，构成单分支结构，但是 else 子句必须与 if 子句配对，不能出现仅有 else 子句没有 if 子句的情况。

　　③ 各语句块可以包含一条或多条语句。如果是多条语句，则所有语句必须左对齐。

【例 3-4】　编写程序，从键盘输入一个整数，判断该数是否为偶数。

判断一个整数是否为偶数的方法是用该数对 2 取余数。如果结果等于 0，则该数为偶数。代码如下：

```
number=int(input("请输入一个整数："))
if number%2==0:
    print(number,"是一个偶数")
```

【例 3-5】　编写程序，从键盘输入三条边，判断是否能够构成一个三角形。如果能，则提示可以构成三角形；如果不能，则提示不能构成三角形。

组成三角形的条件是任意两边之和大于第三边。如果条件成立，则能构成三角形。当表达式中的多个条件必须全部成立时，条件之间使用 and 运算符连接起来。

代码如下：

```
side1=float(input("请输入三角形第一条边："))
side2=float(input("请输入三角形第二条边："))
side3=float(input("请输入三角形第三条边："))
if (side1+side2>side3) and (side2+side3>side1) and (side1+side3>side2):
    print(side1,side2,side3,"可以构成三角形")
else:
    print(side1,side2,side3,"不能构成三角形")
```

【例 3-6】　编写程序，调用随机函数生成一个 1～100 之间的随机整数，从键盘输入数字进行猜谜，给出猜测结果（太大、太小、成功）的提示。

Python 的内置随机数模块 random 有下列常用函数。

- random.random()：生成一个半开区间[0.0,1.0)内的浮点数。
- random.randint(start,stop)：生成一个闭区间[start,stop]内的整数。
- random.randrange(start,stop[,step])：随机返回一个 range(start,stop[,step])中的整数。
- random.choice(seq)：随机从序列 seq（字符串、元组、列表）中挑选并返回一个元素。
- random.shuffle(lst)：将列表 lst 中的序列随机重排（不能作用于字符串和元组）。

此例中引入 random 模块，调用其中的函数 randint(a,b)产生介于 a 和 b 之间的随机整数（产生的随机数大于或等于 a 且小于或等于 b），然后从键盘输入一个数与该随机数进行比较，并输出判断结果。代码如下：

```
import random
randnumber=random.randint(1,100)
guess=int(input("请输入您的猜测："))
if guess>randnumber:
    print("您的猜测太大")
elif guess<randnumber:
    print("您的猜测太小")
else:
    print("恭喜您猜对了")
```

3.3.3　分支语句嵌套

当有多个条件需要满足并且条件之间有递进关系时，可以使用嵌套的分支语句。其中，if 语句、elif 语句以及 else 语句中都可以嵌套 if 语句或者 if-elif-else 语句。

书写格式： 嵌套的 if 语句要求以锯齿形缩进格式书写，从而分清层次关系。

例如，婚姻法规定，男性 22 岁为合法结婚年龄，女性 20 岁为合法结婚年龄。因此如果要判断一个人是否到了合法结婚年龄，首先需要使用双分支结构判断性别，再用递进的双分支结构判断年龄，并输出判断结果。代码如下：

```
sex=input("请输入您的性别（M 或者 F）：")
age=int(input("请输入您的年龄（1-120）："))
if sex=='M':
    if age>=22:
        print("到达合法结婚年龄")
    else:
        print("未到合法结婚年龄")
else:
    if age>=20:
        print("到达合法结婚年龄")
    else:
        print("未到合法结婚年龄")
```

【例 3-7】 编写程序，从键盘输入用户名和密码，要求先判断用户名再判断密码。如果用户名不正确，则直接提示用户名有误；如果用户名正确，则进一步判断密码，并给出判断结果的提示。

因为要求先判断用户名再判断密码，所以本程序的一种做法是使用嵌套的 if 语句：外层 if 语句用于判断用户名，如果用户名正确则进入内层 if 语句，判断密码并给出判断结果；如果用户名不正确，则直接给出错误提示。代码如下：

```
username=input("请输入您的用户名：")
password=input("请输入您的密码：")
if username=="admin":
    if password=="123456":
        print("输入正确，恭喜进入！")
    else:
        print("密码有误，请重试！")
else:
    print("用户名有误，请重试！")
```

【例 3-8】 编写程序，开发一个小型计算器，从键盘输入两个数字和一个运算符，根据运算符（+、-、*和/）进行相应的数学运算。如果不是这 4 种运算符，则给出错误提示。

因为需要根据 4 种运算符的类别执行相应的运算，所以使用多分支 if-elif-else 语句；对于除法运算，由于除数不能为 0，因此需要使用嵌套的 if 语句来判断除数是否为 0，并执行相应的运算。代码如下：

```
first=float(input("请输入第一个数字: "))
second=float(input("请输入第二个数字: "))
sign=input("请输入运算符号: ")
if sign=='+':
    print("两数之和为: ",first+second)
elif sign=='-':
    print("两数之差为: ",first-second)
elif sign=='*':
    print("两数之积为: ",first*second)
elif sign=='/':
    if second!=0:
        print("两数之商为: ",first/second)
    else:
        print("除数为 0 错误!")
else:
    print("符号输入有误! ")
```

3.4　循环结构

为了逼近所需目标或结果重复反馈的过程称为迭代。一次对过程的重复称为一次迭代，而每次迭代得到的结果会作为下一次迭代的初始值，重复执行一系列相同的运算步骤，从前面的量依次求出后面的量。

在人类实践活动中，源自计算机程序设计的迭代思想已经由一种算法逐步升级发展为一种方法、理念和思维模式——计算思维。迭代过程是一个创新的过程，充满着量变到质变的飞跃。例如，在产品设计中，在原有产品基础上迭代构建新产品，从而不断逼近用户需求，就体现了计算思维递增式、演进式的迭代策略应用。

循环结构是迭代思想在程序设计中的具体体现。循环在日常生活中随处可见，例如，登录邮箱时，如果输入的用户名或密码不正确，系统将提示重新输入，直到输入正确或超过次数限制为止。

3.4.1　while 语句

while 语句用于描述循环结构，在满足循环条件时重复执行某件事情，其流程图如图 3-6 所示。从图中可以看出，当表达式的值为真时，执行相应的语句块（循环体），然后再判断表达式的值，如果为真，则继续执行语句块……当表达式的值为假时，检查其后面是否有 else 子句（因为可选，所以流程图中未画出），如果有，则执行 else 子句；如果没有，则直接跳出 while 语句，执行其下面的语句。

书写格式： 关键字 while 与表达式之间用空格隔开，表达式后接英文冒号，关键字 else 与关键字 while 左对齐，后接英文冒号；所有语句块左对齐，即语句块中的全部语句均缩进 4 个空格，如图 3-7 所示。

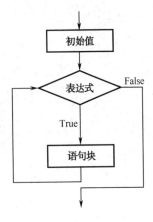

初始值
while 表达式：   # 表达式的值为真
　　语句块 A   # 符合条件时执行的语句
else：   # 可选项
　　语句块 B

图 3-6　while 语句流程图　　　　　图 3-7　while 语句书写格式

例如：

```
time=8
while time<12:
    print ("有效次数内")
    time=time+1
else:
    print("计次已满")
```

本例中计次数 time 的初始值为 8，循环条件为计次数小于 12，循环体为输出"有效次数内"并使计次数加 1。每轮循环均需判断计次数，直到计次数等于 12 时，输出"计次已满"并结束循环。

在使用 while 语句时，需要注意以下事项：

① 与 if 语句类似，while 语句中的表达式可以是任意类型，如 x!=y、x>3 or x<5、−5 等。

② 循环体中的语句块有可能一次也不执行。上例中，若初始值 time=13，则语句块不会执行。

③ 语句块可以包含一条或多条语句。上例中，while 子句的语句块中为两条语句，else 子句的语句块中为一条语句。

④ while 语句中的 else 子句可以省略。上例中，若没有 else 子句，则当计次数等于 12 时，while 语句结束，程序继续执行 while 语句后面的语句。

⑤ 程序中需要包含使循环结束的语句。上例中，若缺少语句 time=time+1，则程序无法终止。

死循环（endless loop）：又称无限循环（infinit loop），是指无法靠自身的控制条件终止的循环。在 while 循环结构中，如果表达式的值恒为真，循环将一直执行下去，无法靠自身终止，从而产生死循环。

例如：

```
while 1:
    print("Python 是一门编程语言")
```

通常，程序中要尽量避免出现死循环，但死循环并非一无是处，在某些特定场合，添加了终止控制条件的死循环可以发挥重要的作用。

【例 3-9】　编写程序，统计并输出 1～1000 中所有能够同时被 3 和 7 整除的数字个数。

循环变量的初始值为 1，如果循环变量的值小于或等于 1000（满足循环进行的条件），则进入循环体使用 if 语句进行判断，然后循环变量自增 1 并进入下一轮循环，循环结束后输出统计结果。代码如下：

```
number=1
count=0
while number<=1000:
    if number%3==0 and number%7==0:
        count=count+1
    number=number+1
print("同时能够被数字 3 和 7 整除的数字个数为: ",count)
```

【例 3-10】　编写程序，用下列公式计算 π 的近似值，直到最后一项的绝对值小于 10^{-6} 为止。

$$\frac{\pi}{4} \approx 1 - \frac{1}{3} + \frac{1}{5} - \frac{1}{7} + \frac{1}{9} - \cdots$$

观察 π 的计算公式可知，循环变量的初始值为 1，循环条件为循环变量的绝对值大于或等于 10^{-6}。循环变量的变化规律为每项的分母比上一项增 2，符号与上一项的相反。代码如下：

```
import math
n=1             # 变量自增值
t=1             # 每项值
total=0         # 1/4π 的值
flag=1          # 标记位
while math.fabs(t)>=1e-6:   # 当每项值的绝对值大于 1e-6 时进行计算
    total=total+t
    flag=-flag
    n=n+2
    t=flag*1.0/n
print("π=%f" % (total*4))
```

3.4.2　for 语句和内置函数 range()

除 while 语句外，Python 还提供了另外一种功能强大的描述循环结构的语句——for 语句。从可迭代对象（字符串、列表、元组、字典、迭代器等）的头部开始，依次选择每个元素并对其进行一些操作直到结束，这种处理模式称为遍历（traversal）。for 语句用于遍历可迭代对象中的所有元素，遍历结束后可执行 else 子句（与 while 语句中的 else 子句类似，for 语句中的 else 子句也是可选的）。

书写格式：关键字 for+空格+循环变量+空格+关键字 in+空格+对象（"+"的意思是后

接），后接英文冒号，关键字 else 与关键字 for 左对齐，后接英文冒号；所有语句块左对齐，即语句块中的全部语句均缩进 4 个空格，如图 3-8 所示。

例如：

```
word="Hello"
for iNum in word:
    print(iNum,end=" ")  # end值的双引号中为一个空格
```

```
for 循环变量 in 对象:
    语句块 A
else:  #可选
    语句块 B
```

图 3-8　for 语句书写格式

程序运行结果为"H e l l o "，即依次输出字符串"Hello"中的每个字母并以空格隔开。

例如：

```
merge=[25,"hello",12.8,"A"]
for iNum in merge:
    print(iNum,end=" ")
```

程序运行结果为"25 hello 12.8 A "，即依次输出列表中的每个元素并以空格隔开。

例如：

```
word = '山羊上山山碰山羊角'
sum = 0
for letter in word:
    if letter == '山':
        sum += 1
print(sum)
```

程序运行结果为"4"，即以遍历方式计算出"山"在字符串中出现的次数。

for 语句经常与内置函数 range()配合使用。range()用于生成整数序列，通常的写法是：range(start, end, step)。其中，start 决定序列的起始值（起始值可以省略，省略时该值为 0），end 代表序列的终值（索引范围是半开区间，不包括 end 的值），step 代表序列的步长（可以省略，默认值是 1）。

例如：

```
for iNum in range(4,10,2):
    print(iNum,end=" ")
```

程序运行结果为"4 6 8"，因为索引范围是半开区间，所以不包括数字 10。

例如：

```
for iNum in range(10,2,-2):
    print(iNum,end=" ")
```

程序运行结果为"10 8 6 4"，因为步长为-2，所以输出结果依次递减。

例如：

```
for iNum in range(5):
    print(iNum,end=" ")
```

程序运行结果为"0 1 2 3 4"，起始值省略，从 0 开始；步长省略，步长为 1。

【例 3-11】　编写程序，使用 for 语句计算 1～10000 范围内的自然数之和。

首先初始化总和的值为 0，然后使用 for 语句将 range()函数中的元素依次添加到总和中。因为 range()的索引范围为开区间，所以终值设为 10001。代码如下：

```
total=0
for iNum in range(1,10001,1):
    total=total+iNum
print("1~10000 的总和为: ",total)
```

【例 3-12】　编写程序，解决以下问题。

4 个人中有一个人做了好事，已知有三个人说了真话，根据下面的对话判断是谁做的好事。

A 说：不是我。

B 说：是 C。

C 说：是 D。

D 说：C 说得不对。

做好事的人是 4 个人之一，因此可以将 4 个人的编号存入列表中，然后使用 for 语句依次进行判断；有三个人说了真话，将编号依次代入，使用 if 语句判断是否满足"有三个人说了真话"（三个逻辑表达式的值为真）的条件，如果满足，则输出结果。代码如下：

```
for iNum in ['A','B','C','D']:
    if (iNum!='A')+ (iNum=='C') + (iNum=='D')+ (iNum!='D')==3:
        print(iNum,"做了好事! ")
```

3.4.3　循环语句嵌套

为了解决复杂的问题，可以使用嵌套的循环语句，嵌套层数不限，但是循环的内外层之间不能交叉。其中，双层循环是一种常用的循环嵌套，循环的总次数等于内外层数之积。

例如：

```
for i in range(1,3):
    for j in range(1,4):
        print (i*j,end=" ")
```

当外层循环变量 i 的值为 1 时，内层循环变量 j 的值从 1 开始，输出 i*j 的值并依次递增，因此输出"1 2 3"，内层循环执行结束；然后回到外层循环，i 的值递增为 2，而 j 的值重新从 1 开始，输出 i*j 的值，并依次递增，输出"2 4 6"。因此，程序的运行结果为"1 2 3 2 4 6"。

【例 3-13】 编写程序，使用双重循环输出九九乘法表。

由于需要输出 9 行 9 列的二维数据，因此需要使用双重循环，外层循环用于控制行数，内层循环用于控制列数。为了规范输出格式，可以使用 print 语句的格式控制输出方式。其中，"\t"的作用是跳到下一个制表位。代码如下：

```python
for i in range(1,10):
    for j in range(1,10):
        print("%s*%s=%2s" % (i,j,i*j), end="\t")
    print("\n")
```

【例 3-14】 编写程序，使用双重循环输出如图 3-9 所示的三角形图案。

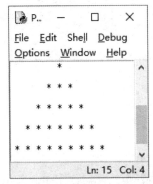

图 3-9　三角形图案

观察可知图形包含 5 行，因此外层循环执行 5 次。每行内容由三部分组成：第一部分为输出空格，第二部分为输出星号，第三部分为输出回车符，分别通过两条 for 语句和一条 print 语句实现。代码如下：

```python
for i in range(1,6):
    for j in range(5-i):
        print(" ",end=" ")
    for j in range(1,2*i):
        print("*",end=" ")
    print("\n")
```

【例 3-15】 以一道"奥数"题的解题过程，体会计算思维与逻辑思维的差别。

有一个以文字代替数字的算术表达式如图 3-10 所示，已知 4 个替代数字的文字中没有重复，编写程序求出文字所替代的数字。

按逻辑思维，如果 3 位数和 3 位数相加等于 4 位数，则"青"只能是 1；"山"＋"青"大于或等于 10，因此"山"只能是 9，推得"龙"是 0；个位的两个"山"相加，推得"外"是 8。

而按计算思维，则注重于程序的实现，用穷举法设计嵌套的 4 层循环，把所有的数字都试一遍，找出满足算术表达式条件的 4 个数字不相互重复的组合。代码如下：

$$
\begin{array}{r}
山外山 \\
+)\ 青龙山 \\
\hline
青龙山外
\end{array}
$$

图 3-10　算术表达式

```python
for qing in range(10):
    for long in range(10):
        for shan in range(10):
            for wai in range(10):
                if (qing==long or qing==shan or qing==wai \
                or long==shan or long==wai or shan==wai):
                    continue
                elif (qing*1000+long*100+shan*10+wai==
                    shan*100+ wai*10+shan+qing*100+long*10+shan):
```

```
print('qing=%d,long=%d,shan=%d,wai=%d' \
      %(qing,long,shan,wai))
break
```

执行结果：

```
qing=1,long=0,shan=9,wai=8
```

此例的 4 层嵌套循环结构体现出了"自上而下"的总体设计，而具体运行却是从最内层循环"自下而上"地执行，逐步上升到执行整个程序。

3.4.4　转移和中断语句

1. break 语句

break 语句用于中断当前循环的执行，并跳出循环。对于包含 else 子句的 while 循环和 for 循环而言，在 while 或 for 循环中一旦执行 break 语句，else 子句将没有机会执行。

【例 3-16】　编写程序，随机产生骰子的一面（数字 1～6），给用户三次猜测机会，程序给出猜测提示（偏大或偏小）。如果某次猜测正确，则提示正确并中断循环；如果三次均猜错，则提示机会用完。

使用随机函数产生随机整数，设置循环初始值为 1，循环次数为 3，在循环体中输入猜测并进行判断，如果正确则使用 break 语句中断并跳出循环。代码如下：

```python
import random
point=random.randint(1,6)
count=1
while count<=3:
    guess=int(input("请输入您的猜测: "))
    if guess>point:
        print("您的猜测偏大")
    elif guess<point:
        print("您的猜测偏小")
    else:
        print("恭喜您猜对了")
        break
    count=count+1
else:
    print("很遗憾，三次全猜错了！")
```

半程循环：前面介绍过死循环的概念，在死循环程序中，通过添加 break 语句终止程序的执行，称为半程循环。

例如：

```
number=1
while 1:
    print("Python 是一门编程语言")
    if number>=5:
        break
    number=number+1
```

2. continue 语句

与 break 语句不同，continue 语句用于中断本轮循环的执行，进入下一轮循环条件的判断。

【例 3-17】 编写程序，从键盘输入一段文字，如果其中包括"密"字（可能出现 0 次、1 次或者多次），则输出时过滤掉该字，其他内容原样输出。

从键盘输入的一段文字为字符串，可以使用 for 循环依次取出其中的每个字符，然后通过 if 语句进行判断，如果有"密"字，则使用 continue 语句跳出本轮循环（不输出该字），进入下一轮循环条件的判断。代码如下：

```
sentence=input("请输入一段文字: ")
for word in sentence:
    if word=="密":
        continue
    print(word,end="")
```

【例 3-18】 编写程序，从键盘输入密码，如果密码长度小于 6，则要求重新输入。如果长度等于 6，则判断密码是否正确，如果正确则中断并跳出循环，否则提示错误并要求继续输入。

因为程序没有执行次数的规定，所以循环条件设置为恒真，首先判断输入长度，如果输入长度过短，则使用 continue 语句中断本轮循环并进入下一轮输入；如果输入长度正确，则进行密码判断，如果正确，则使用 break 语句中断并跳出循环，否则提示错误并进入下一轮输入。代码如下：

```
while 1:
    password=input("请输入密码: ")
    if len(password)<6:
        print("长度为 6 位，请重试! ")
        continue
    if password=="123456":
        print("恭喜您，密码正确! ")
        break
    else:
        print("密码有误，请重试! ")
```

3.5　程序调试

　　程序中出现错误是不可避免的，程序调试就是将程序通过人工方法或使用 Python 解释器进行测试，并修改语法错误和逻辑错误的过程。

3.5.1　语法错误与逻辑错误

　　Python 程序错误包括语法错误和逻辑错误。

　　语法错误指程序不符合 Python 解释器语法规则，导致程序无法正常运行，如关键字拼写错误、缩进位置不正确、漏写规定符号等。语法错误通常可以在编写代码或运行时被发现，Python 解释器将以醒目的形式报错。含有语法错误的语句是不能通过解释运行的。

　　逻辑错误指程序符合语法规定，但是由于算法、运行环境等存在问题不能得到预期的计算结果，如遗漏重要代码段、算法使用错误、变量作用域错误、漏掉循环语句的结束条件等。逻辑错误往往能够通过语法解释因而难以被直接发现，需要通过人工方法或调试工具跟踪执行过程来排查。

3.5.2　常见语法错误

　　Python 的内置异常包含算术错误（ArithmeticError）、断言错误（AssertionError）、属性错误（AttributeError）、缓冲错误（BufferError）、结束条件错误（EOFError）、模块引入错误（ImportError）、查询错误（LookupError）、内存溢出错误（MemoryError）、对象名称错误（NameError）、操作系统错误（OSError）、引用对象错误（ReferenceError）、运行时错误（RuntimeError）、语法规则错误（SyntaxError）、系统内部错误（SystemError）、类型错误（TypeError）、赋值参数错误（ValueError）等常规异常（Exception）类型，其中许多异常类型还包含子类型。

　　初学者常见的语法错误包括对象名称错误、语法规则错误、查询错误、类型错误、模块引入错误、算术错误、操作系统错误、属性错误等。下面通过实例来分析这些语法错误。

1. 对象名称错误

（1）对象名称拼写错误

　　变量名、函数名等对象名称的拼写错误是初学者常见的错误。并且，Python 对大小写敏感，即大写字母与小写字母代表不同的含义，引用对象时如果未加注意可能会导致变量未定义错误。

　　例如：

```
name="张三"
print(Name)
```

　　print 语句中变量名为"Name"而不是上面定义的"name"，程序无法通过语法解释，错误提示为 NameError: name 'Name' is not defined。

（2）对象名称未定义或赋值而直接使用

初学者往往可能忘记对变量赋初始值就直接使用，例如：

```
a = 0
a += 1
b += 1
```

变量 b 没有初始值，程序无法通过语法解释，错误提示为 NameError: name 'b' is not defined。

2. 语法规则错误

图 3-11　无效语法错误

（1）语法符号的错漏

按 Python 的语法规则，在 if、elif、while、for 等子句后面需要加 ":" 实现条件对语句块的引导。如果用户未遵循此规则，将会提示如图 3-11 所示的无效语法错误。

例如：

```
for cNum in "Python"
    print(cNum)
```

for 子句最后因为缺少 ":"，程序无法通过语法解释，并将光标定位在 for 子句的后面。

在编写代码时，由于忙乱，有时会漏掉字符串的半边引号或函数（方法）的半边括号，这都属于语法规则错误，错误提示分别为 EOL while scanning string literal 和 unexpected EOF while parsing。

（2）误将关键字作为对象名称

与其他编程语言一样，Python 不能使用关键字作为变量名，否则也会提示如图 3-11 所示的无效语法错误。

例如：

```
class='三班'
print(class)
```

由于 class 是 Python 的关键字，语法解释时提示错误，如图 3-11 所示，并将光标定位在赋值运算符 "=" 上。Python 的关键字参见第 2 章的例 2-1。

（3）赋值运算符与比较运算符的误用

Python 中，"==" 为比较运算符，用于判定左右两边是否相等，而 "=" 为赋值运算符，用于将右边的值赋给左边的变量。如果不小心用错，则会提示如图 3-11 所示的无效语法错误。

例如：

```
import random
```

```
string = '床前明月光'
number = random.randint(0,4)
guess = input('请输入您的猜测：')
if guess = string[number]:
    print('猜对了')
else:
    print('猜错了')
```

由于"=="错用为"="，程序无法通过语法解释，并将光标定位在"="上。

（4）缩进错误（IndentationError）

缩进错误是一种语法规则错误。Python 通过缩进表明层次逻辑关系，如果未按照逻辑关系进行缩进，或者缩进空格数不一致，或者 Tab 缩进和空格缩进混用等，语法解释时都会提示如图 3-12 所示的缩进语法规则错误。

例如：

```
import math
if math.pi>3:
print('yes')
```

图 3-12　缩进语法规则错误

由于未按语法规则进行缩进，程序无法通过语法解释，并将光标定位在"print"上。

3. 查询错误

（1）索引错误（IndexError）

Python 中，字符串、元组、列表等类型中的每个元素都有相应的索引值，如果索引值超过范围，则会导致查询错误类别中的索引错误。

例如：

```
name="张三"
print(name[2])
```

由于 name 字符串索引值从下标 0 开始，name[2]元素不存在，程序无法通过语法解释，错误提示为 IndexError: string index out of range。

（2）映射错误（KeyError）

Python 中的字典是由键和值组成的映射型组合数据类型（详见第 4 章），当程序映射中使用了字典中不存在的键时，会导致查询错误类别中的映射错误。

4. 类型错误

（1）字符串和元组为不可变数据类型，不能直接修改字符串中元素的值，否则会产生类型错误。

例如：

```
test="hello everyone."
test[0]="H"
print(test)
```

因为试图对 test[0]赋值，程序无法通过语法解释，错误提示为 TypeError: 'str' object does not support item assignment。

（2）字符串与数字不能直接连接，需要先使用 str()函数将数字转化为字符串，否则会产生类型错误。

例如：

```
age=18
name="张三"
merge=name+"今年"+age+"岁"
print(merge)
```

由于未将 age 转化为字符串，程序无法通过语法解释，错误提示为 TypeError: must be str, not int。

（3）使用 range()函数输出字符串、元组、列表中指定的元素时，需要先调用 len()函数计算字符串中元素的个数，否则会产生类型错误。（元组、列表见第 4 章。）

例如：

```
string ="123456789"
for i in range(1,string,2):
    print(string[i])
```

由于 range()函数中未计算字符串长度，程序无法通过语法解释，错误提示为 TypeError: 'str' object cannot be interpreted as an integer。

5. 模块引入错误

在导入模块时，如果模块名写错或者模块路径设置有问题，会导致模块引入错误。
例如：

```
import Calendar
```

因为 calendar 模块名的第一个字母误写为大写字母，程序无法通过语法解释，错误提示为 ModuleNotFoundError: No module named 'Calendar'。

6. 算术错误

这类错误是指各种算术错误引发的内置异常，包括浮点计算错误（FloatingPointError）、溢出错误（OverflowError）和除零错误（ZeroDivisionError）。以除零错误为例，如果在计算时出现除数为 0 的情况，则会导致除零错误。

例如：

```
num1=15
num2=0
print(num1/num2)
```

因为 num2 的值为 0，程序无法通过语法解释，错误提示为 ZeroDivisionError: division by zero。

7. 操作系统错误

Python 中，操作系统错误主要指文件打开错误、读写错误、操作权限不够、请求超时等。例如，文件名写错、文件路径不对、文件打开模式不对等都属于操作系统错误大类，详见第 5 章。

例如：

```
fobj=open("test.txt","r")
for line in fobj:
    print(line)
fobj.close()
```

该程序以只读方式打开文件 test.txt 并在显示器上打印（输出）其全部内容。如果文件不存在，则程序无法通过语法解释，错误提示为 FileNotFoundError: [Errno 2] No such file or directory: 'test.txt'。

8. 属性错误

属性引用或赋值失败会导致属性错误。编写代码时，若方法名拼写错误也将提示为属性错误。

例如：

```
s='ABCDE'
s=s.lowerr()
print(s)
```

将大写字符串转变为小写的方法 lower() 被误拼写为 lowerr()，程序无法通过语法解释时，错误提示为 AttributeError: 'str' object has no attribute 'lowerr'。

3.5.3　排查程序错误的方法

语法错误大多无法通过语法解释，可通过报错信息直接找到。而逻辑错误或程序运行中继发的语法错误则往往需要通过跟踪执行过程中某些变量的值才能发现。排查程序错误的方法有很多种，最简单的方法是在程序中插入 print() 函数，输出中间值进行调试。其缺点是，当代码量很大时，该方法的工作效率较低。

例如：

```
import math
a=float(input("请输入第一个系数："))
b=float(input("请输入第二个系数："))
c=float(input("请输入第一个系数："))
d=b*b-4*a*c
print(d)
x1=(-b+math.sqrt(d))/(2*a)
x2=(-b-math.sqrt(d))/(2*a)
```

```
请输入第一个系数：1
请输入第二个系数：2
请输入第一个系数：3
-8.0
Traceback (most recent call last):
  File "D:\test.py", line 7, in <module>
    x1=(-b+math.sqrt(d))/(2*a)
ValueError: math domain error
```

在 IDLE 中，用 print()函数查错的结果如图 3-13 所示，通过输出 d 的值得知，由于其值小于 0，因此引发了根号里为负数的值错误。

图 3-13　用 print()函数查错的结果

许多 Python 语法解释调试工具（如 PyCharm 等）都具备断点设置、单步模式、变量查看、表达式计算等一系列调试功能，可作为高效的排查程序错误方法。

例如，用 PyCharm 排查程序错误，如图 3-14 所示。代码如下：

```
number=int(input("请输入一个整数："))
for i in range(2, number//2):
    if number%i==0:
        break;
if i>number//2:
    print("%d 是一个质数" % number)
else:
    print("%d 不是一个质数" % number)
```

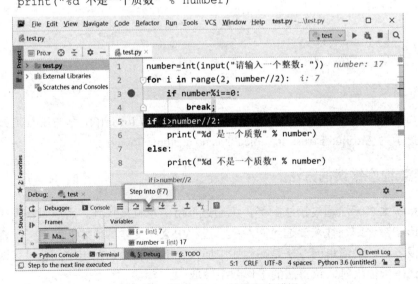

图 3-14　用 PyCharm 排查程序错误

该程序的作用是判断输入的一个整数是否为质数。当程序运行时，输入 17，结果显示了错误的结果："17 不是一个质数"。为了查找程序中的逻辑错误，在程序第 3 行中设置了断点，通过单步执行依次观察 i 的值。跟踪发现，当 i 的值增大到 7 时，循环执行结束，由于 i 的值小于 8，因此输出了错误的判断结果，由此可知，该程序错误的原因在于 range() 函数的索引范围是一个半开区间，应改为(2, number//2+1)。

3.5.4　程序运行中 try-except 异常处理

除在编写代码时应尽量保证代码正确外，一旦发现 Python 解释器提示捕获到异常，就应该对异常进行处理，防止系统崩溃，提高系统的可靠性。异常处理语句分为 try-except 结构、try-except-else 结构、try-except-else-finally 结构等。

1. try-except 结构

try-except 结构是最基本的异常处理语句结构，try 子句后为正常语句块，如果其中有错误，则通过 except 子句将错误捕获并执行异常处理语句块。

注意，except 子句可以有多个，但是最多只能有一个被执行。

书写格式：关键字 try 后接英文冒号；关键字 except 与 try 左对齐，except 与后面的错误名字用空格隔开，错误名字后接英文冒号；所有语句块左对齐，即语句块中的全部语句均缩进 4 个空格，如图 3-15 所示。

例如：

```
try:
    fobj= open("test.txt","r")
except IOError:
    print("文件打开失败")
```

```
try:
    <正常语句块 A>
except <错误名字 1>:
        <异常处理语句块 B>
...
```

图 3-15　try-except 结构书写格式

程序运行时，如果未找到该文件，Python 解释器将捕获 IOError 并输出"文件打开失败"。

2. try-except-else 结构

try-except-else 结构在基本的异常处理语句后添加了 else 子句。try 子句后为正常语句块，如果其中有错误，则通过 except 子句将错误捕获并执行异常处理语句块；如果其中没有错误，则执行 else 子句后的正常语句块。

书写格式：关键字 else 与 try 左对齐，后接英文冒号；所有语句块左对齐，即语句块中的全部语句均缩进 4 个空格，如图 3-16 所示。

例如：

```
try:
    num1=int(input("请输入分子："))
    num2=int(input("请输入分母："))
```

```
try:
    <正常语句块 A>
except <名字>:
    <异常处理语句块 B>
else:
    <正常语句块 C>
```

图 3-16　try-except-else 结构书写格式

```
        num3=num1/num2
    except ZeroDivisionError:
        print("除数为 0")
    else:
        print(num3)
```

　　程序运行时，从键盘输入两个字符串并分别转换为整数后赋值给 num1 和 num2。如果 num2 的值不为 0，计算并输出 num3 的值。如果 num2 的值为 0，Python 解释器将捕获 ZeroDivisionError 并输出"除数为 0"。

3. try-except-else-finally 结构

　　try-except-else-finally 结构在 try-except-else 结构后添加了 finally 子句，try 子句后为正常语句块，如果其中有错误，则通过 except 子句将错误捕获并执行异常处理语句块；如果其中没有错误，则执行 else 子句中的正常语句块；无论 try 子句中是否有错误，finally 子句终将被执行。

　　书写格式：关键字 finally 后接英文冒号；所有语句块左对齐，即语句块中全部语句均缩进 4 个空格，如图 3-17 所示。

　　例如：

```
try:
    fobj= open("test.txt","r")
except IOError:
    print("文件打开失败")
else:
    print("文件打开成功")
    fobj.close()
finally:
    print("文件测试结束")
```

```
try:
    <正常语句块 A>
except <名字>:
    <异常处理语句块 B>
else:
    <正常语句块 C>
finally:
    <正常语句块 D>
```

图 3-17　try-except-else-finally 结构书写格式

　　程序运行时，如果未找到该文件，Python 解释器将捕获 IOError 并输出"文件打开失败"；否则输出"文件打开成功"并关闭文件。无论文件打开成功与否，均会输出"文件测试结束"。

习题 3

　　1. 编写程序，从键盘输入两点的坐标(x1,y1)和(x2,y2)，计算并输出两点之间的距离。
　　2. 编写程序，从键盘输入年份值和月份值，输出该年当月的日历（调用 calendar 模块中的 month()函数）。
　　3. 编写程序，产生两个 10 以内的随机整数，以第 1 个随机整数为半径、第 2 个随机整数为高，计算并输出圆锥体的体积。
　　4. 编写程序，从键盘输入一个年份值，判断该年是否为闰年并输出判断结果。（提示：若该年份值能被 4 整除且不能被 100 整除或者该年份值能被 400 整除，则该年是闰年，否则不是。）

5．编写程序，从键盘输入三个数，计算并输出三个数中最大的数。

6．编写程序，从键盘输入三个数，实现三个数从小到大排序并输出结果。

7．编写程序，从键盘输入 a、b、c 的值，计算一元二次方程 $ax^2+bx+c=0$ 的根，并根据 b^2-4ac 的值大于 0、等于 0 及小于 0 三种情况分别进行讨论。

8．编写程序，从键盘输入一个字符，如果是大写英文字母则将其转换为小写英文字母，如果是小写英文字母则将其转换为大写英文字母，其他字符原样输出。

9．编写程序，从键盘输入数字 n，通过循环结构计算从 1 到 n 的乘积。

10．编写程序，通过循环结构计算全部的水仙花数。水仙花数是一个三位数，该数正好等于组成该三位数的各位数字的立方和。例如，$1^3+5^3+3^3=153$。

11．编写程序，通过循环结构计算并输出满足条件的正方体的体积：正方体棱长从 1 到 10，依次计算体积，当体积大于 100 时停止输出。

12．编写程序，从键盘输入一个整数并判断该数的类别：其因数之和等于数字本身的数称为完全数，比数字本身大的数称为丰沛数，比数字本身小的数称为不足数。

13．编写程序，使用双重循环结构输出如图 3-18 所示的运行结果。

14．编写程序，生成一个 0～100 之间的随机数，然后让用户尝试猜测这个数字。程序给出猜测方向（更大或更小）的提示，用户继续进行猜测，直到用户猜测成功或输入一个 0～100 以外的数字后退出游戏。

15．编写程序，计算 Fibonacci 数列的前 20 项（Fibonacci 数列的特点是，第 1、2 项的值都为 1，从第 3 项开始，每项都是前两项之和）。

```
      *
    * * *
  * * * * *
* * * * * * *
  * * * * *
    * * *
      *
```

图 3-18　第 13 题的运行结果

16．编写程序，从键盘输入两个正整数，计算两个数的最大公约数和最小公倍数。

17．编写程序，判断一个整数是否为素数（判断整数 x 是否为素数，最简单的方法就是用 2～x-1 之间的所有整数逐一去除 x，若 x 能被其中任意一个数整除，则 x 就不是素数，否则为素数）。

18．编写程序，实现一个循环 5 次的计算小游戏，每次随机产生两个 100 以内的数字，让用户计算两个数字之和并输入结果，如果计算结果正确则加一分，如果计算结果错误则不加分。如果正确率大于或等于 80%，则闯关成功。

19．编写程序，从键盘输入一个姓名（可能为 2 个字、3 个字或 4 个字），将该姓名的第 2 个汉字修改为*号。如果索引出错，则进行异常处理并提示索引错误。

20．编写程序，从键盘输入用户名和密码，判断该用户名和密码是否均在文件 information.txt 中。若在，则提示用户名和密码正确，否则提示用户名和密码错误。如果文件打开失败，则进行异常处理并提示文件打开失败，否则关闭文件。无论文件打开成功与否，最后均会打印出输入的用户名和密码。

获取本章资源

第4章

Python的组合数据类型

—————
本章教学目标：
- 理解序列型、映射型组合数据的概念和特点。
- 掌握对序列型、映射型组合数据操作的相关方法。
- 了解集合型组合数据的概念、特点，以及对集合操作的相关方法。

—————

Python 所支持的组合数据类型体现了 Python 的优势，包括序列型、映射型和集合型。

4.1　序列型组合数据

序列型组合数据是在一维空间上的元素向量，元素之间有顺序关系，元素之间不排他，可以通过索引访问元素。序列型组合数据类型包括字符串、列表和元组。

序列型组合数据具有如表 4-1 所示的操作共性。无论是字符串、列表，还是元组，对索引区间的定义规则都是一致的，即包含起始位而不包含终止位的半开区间。此定义规则与前面所学的 range() 一致。

表 4-1　序列型组合数据的操作共性

操　　作	意　　义
s1+s2	将序列 s1 和 s2 连接成一个序列
s * n 或 n * s	将序列 s 复制 n 次并连接成一个序列
s[i]	序列 s 中的第 i 个元素（从 0 起算）
s [start : stop : step]	序列 s 中的第 start 个元素（含）起至第 stop 个元素（不含）且间隔为 step 的子序列。若 start 为 0 可省略，若 step 为 1 可省略
len(s)	返回序列 s 中的元素数（长度）
min(s)和 max(s)	返回序列 s 中最小和最大的元素
s.index(x)和 s.count(x)	返回元素 x 在序列 s 中第一次出现的位置（索引）和出现的次数
x in s 和 x not in s	判断 x 是否是序列 s 中的元素，返回 True 或 False

4.1.1　字符串

在第 2 章中，我们初步了解了字符串。字符串类型并不是单纯的数值类型，而是序列型组合数据类型，具有序列操作的共性。这个序列对象中的所有元素都只能是字符，不能是其他类型。这里，在第 2 章的基础上，结合序列操作的共性，继续学习对字符串的操作。

1. 字符串的操作

（1）字符索引

利用方括号运算符[ ]通过索引可以得到相应位置（下标）的字符。

Python 的索引方式有两种：① 从前往后的正向索引，n 个字符的字符串，其索引取值范围从 0 至 n-1；② 从后向前的负向索引，n 个字符的字符串，其索引取值范围从-1 至-n。

例如：

```
>>> s='Python'
>>> print(s[0],s[5])   # 注意不能越界
P n
>>> print(s[-1],s[-6])
n P
>>> s[6]                # 下标越界了
Traceback (most recent call last):
  File "<pyshell#158>", line 1, in <module>
    s[6]
IndexError: string index out of range
```

（2）字符串切片

在 Python 中，可使用切片（slice）从字符串中提取子串。切片是 Python 序列的重要操作之一，适用于字符串、列表、元组、range 对象等类型。

切片的参数是用两个冒号分隔的三个数字：第 1 个数字表示切片的开始位置（默认为 0）；第 2 个数字表示切片的终止位置（但不包含这个位置，默认为字符串长度）；第 3 个数字表示切片的步长（默认为 1），当步长省略时，可以顺便省略最后一个冒号。

例如：

```
>>> a = 'Python'
>>> a[1:4]     # 切片实际包含索引为 1～3 的字符
'yth'
>>> a          # 切片返回的是字符串的一个副本，原字符串没有发生变化
'Python'
>>> a[:4]      # 省略第一个数字，表示切片从位置 0 开始
'Pyth'
>>> a[1:]      # 省略第二个数字，表示切片至字符串末尾结束
'ython'
>>> a[::]
'Python'
>>> a[::2]     # 步长为 2
'Pto'
>>> a[::-1]    # 步长为-1，得到倒序字符串
```

```
'nohtyP'
>>> a[:100]   # 终止位置越界，切片到字符串末尾结束
'Python'
>>> a[100:]   # 开始位置越界，返回空字符串
''
```

与字符串索引不同，切片操作不会因为下标越界而抛出异常，而是简单地在字符串末尾截断或者返回一个空字符串。

因为字符串是不可变的对象，所以不能对字符串切片进行赋值。

例如：

```
>>> a[::]='Java'
Traceback (most recent call last):
  File "<pyshell#258>", line 1, in <module>
    a[::]='Java'
TypeError: 'str' object does not support item assignment
```

2. 字符串的格式化

（1）用%格式字符进行字符串格式化

用%格式字符进行字符串格式化的一般形式如下：

```
format_string % obj
```

将对象 obj 按格式要求转换为字符串。

常见的格式字符见表 4-2。

表 4-2　常见的格式字符

格 式 字 符	含　义	示　例
%s	输出字符串	'Gradeis%s'%'A-'返回'GradeisA-'
%d	输出整数	'Scoreis%d'%90 返回'Scoreis90'
%c	输出字符 chr(num)	'%c'%65 返回'A'
%[width][.precision]f	输出浮点数，长度为 width，小数点后为 precision 位。width 默认为 0，precision 默认为 6	'%f'%1.23456 返回'1.234560' '%.4f'%1.23456 返回'1.2346' '%7.3f'%1.23456 返回' 1.235' '%4.3f'%1.23456 返回'1.235'
%o	以无符号的八进制数格式输出	'%o'%10 返回'12'
%x 或%X	以无符号的十六进制数格式输出	'%x'%10 返回'a'
%e 或%E	以科学记数法格式输出	'%e'%10 返回'1.000000e+01'

例如：

```
>>> s = "我的名字是%s" % "张三"
```

执行后，s 的结果为"我的名字是张三"，即%s 的位置使用"张三"代替。

如果需要在字符串中通过格式字符输出多个值，则将每个对应值存放在一对圆括号"()"中，值与值之间使用英文逗号隔开（见后面详述的元组）。

例如，语句：

```
>>> s = "%s 的年龄是%d" % ("张三",20))
```

执行后，s 的结果为"张三的年龄是 20"。

表 4-3 中列出了一些格式化辅助指令，可进一步规范输出的格式。

表 4-3　格式化辅助指令

符　号	作　用
m	定义输出的宽度，如果变量值的输出宽度超过 m，则按实际宽度输出
–	在指定的宽度内将输出值左对齐（默认为右对齐）
+	在输出的正数前面显示"+"号（默认为不输出"+"号）
#	在输出的八进制数前面添加'0o'，在输出的十六进制数前面添加'0x'或'0X'
0	在指定的宽度内输出值时，左边的空位置以 0 填充
.n	对于浮点数，指输出时小数点后保留的位数（四舍五入）；对于字符串，指输出字符串的前 n 位

【例 4-1】　格式化输出字符串示例。

```
>>> test =5000
>>> print("%6d" % test) # 输出宽度为 6，结果为   5000（前面两个空格，右对齐）
>>> print("%2d" % test) # 输出宽度为 2，但 test 值宽度为 4，按实际输出，结果为
                        # 5000
>>> print("%-6d" % test)# 输出宽度为 6，结果为 5000   （后面两个空格，左对齐）
>>> print("%+6d" % test)# 输出宽度为 6，结果为 +5000（前面一个空格，右对齐）
>>> print("%06d" % test)# 输出宽度为 6，结果为 005000（前面两个 0，空格改为 0）
>>> print("%#o" % test) # 以八进制数形式输出，前面添加'0o'，结果为 0o11610
>>> print("%#x" % test) # 以十六进制数形式输出，前面添加'0x'，结果为 0x1388
```

m.n 格式常用于浮点数格式、科学记数法格式及字符串格式的输出。使用前两种格式，%m.nf、%m.nx 或%m.nX 指输出的总宽度为 m（可以省略），小数点后面保留 n 位（四舍五入）。如果变量值的总宽度超出 m，则按实际宽度输出。%m.ns 指输出字符串的总宽度为 m，输出前 n 个字符，前面补 m–n 个空格。

例如：

```
>>> test=128.3656
>>> print("%6.2f" % test) # 输出宽度为 6，后面保留 2 位小数，结果为 128.37
>>> print("%3.1f" % test) # 按实际宽度输出，后面保留 1 位小数，结果为 128.4
>>> print("%.3e" % test)  # 小数点后面保留 3 位，结果为 1.284e+02
>>> test="上海是一个美丽的城市"
>>> print("%5.2s" % test) # 输出宽度为 5，输出前两个字，结果为'   上海'（前面有
                         # 3 个空格）
```

（2）用 format()方法进行字符串格式化

用格式化字符串的 format()方法进行字符串格式化，在形式上类似于用{}来代替%，但功能更加强大。例如：

```
"{0}的年龄是{1}" .format ("张三",20)
```

或

```
"{}的年龄是{}" .format ("张三",20)
```

可将字符串格式化输出为"张三的年龄是 20"。若{}中没有变量名或序号，则默认按顺序映射参数。

format()方法还可以用接收参数的方式对字符串进行格式化，参数位置可以与显示顺序不同，参数也可以不用或者用多次。例如，上例亦可表达为

```
"{name}的年龄是{age}" .format (age=20,name="张三")
```

使用 format()方法，利用{}中的格式限定表达式还可以更加灵活地生成字符串。格式限定表达式通常包含以下可选部分：

{ <序号或变量名> : <占位符> <对齐符> <总长度> <千位分隔> <截断位数> <数字类型> }

其中，<序号或变量名>为需替代的变量名或接收参数的位置顺序，默认为从 0 开始的自然先后顺序，后面的冒号通常不要省略；

<占位符>是用于填满整个字符串长度的单个字符；

<对齐符>是参数在整个字符串中的对齐方式，"^"表示居中对齐，"<"为左对齐，">"为右对齐；

<总长度>是生成字符串的总字符数；

<千位分隔>用于整数或浮点数中，每隔三位数字进行分隔；

<截断位数>若用于浮点数则为小数部分的位数，若用于字符串则为最大输出长度；

<数字类型>取值 b、c、d、o、x、X 分别表示整数输出为二进制数、Unicode 字符串、十进制数、八进制数、小写形式十六进制数、大写形式十六进制数，取值 f、e、E、%分别表示浮点数、科学记数法（小写 e）、科学记数法（大写 e）、百分数形式字符串。

例如：

```
>>> '{:>8}'.format('123')          # 总长度为 8 个字符，右对齐
'     123'

>>> '{:*^10}'.format('123')        # 总长度为10个字符，居中对齐，用星号填充
'***123****'

>>> '{:_^24,}'.format(12345.67890) # 居中，用下画线填充，千位分隔
'_____12,345.6789_____'
>>> '{:.3f}'.format(1.23456789)    # 保留 3 位小数
'1.235'
```

```
>>> '{:.3}'.format('甲乙丙丁戊己庚辛')    # 截断输出 3 个字符
'甲乙丙'

>>> '{:X}'.format(1234)                          # 字符串输出大写形式十六进制数
'4D2'

>>> '{:e}'.format(0.0000001234)
'1.234000e-07'

>>> '{:%}'.format(0.12345)
'12.345000%'
```

格式限定表达式也支持按序号接收参数，例如：

```
>>> '{0:{1}{3}{2}}'.format('甲乙丙丁','-',30,'^')
'-------------甲乙丙丁-------------'
```

【例 4-2】　字符串综合示例。利用 Python 的内置日历模块 calendar，输入年、月、日后，输出该日期是星期几。

根据 calendar.weekday(year,month,day)返回值的规律，先设定字符串 s，当返回值为 0时对应为 "星期一"。可推得，返回星期字符串切片的规律为 s[i*3:i*3+3]。最后用 format( )方法进行字符串格式化输出。运行结果如图 4-1 所示，代码如下：

```
import calendar
s='星期一星期二星期三星期四星期五星期六星期日'
while True:
    y=input('请输入年，x 为退出\n')
    if y in ('x','X'):
        break
    else:
        m=input('请输入月\n')
        d=input('请输入日\n')
        i=calendar.weekday(int(y),int(m),int(d))
        print('您所输入的日期{0}年{1}月{2}日是：{3:>5}' \
            .format(y,m,d,s[i*3:i*3+3]))
```

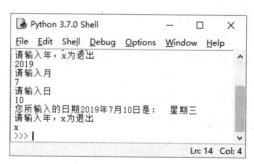

图 4-1　例 4-2 运行结果

（3）用 f-strings 进行字符串格式化

f-string 是 Python 3.6 以后新增的更快捷、更易读、更简明的字符串格式化语句，其使用 f 为前缀，使用花括号{}来界定字符串格式表达式。花括号内的格式限定表达式与 format( ) 方法的一致。例如：

```
>>> name='张三'
>>> age=20
>>> print(f'姓名：{name}\n 年龄：{age}')
姓名：张三
年龄：20

>>> name='ZhangSan'
>>> age=20
>>> print(f'姓名：{name:>10}\n 年龄：{age:>10}')  # 共 10 个字符，右对齐
姓名：    ZhangSan
年龄：          20
        # 由于中英文字符占据空间位置不同，中英文混合字符串并不能自动对齐

>>> price=2.34568
>>> f'{price:.2f}'  # 保留 2 位小数
'2.35'

>>> import datetime
>>> now=datetime.datetime.now()
>>> f'{now:%Y 年%m 月%d 日%H 时%M 分}'
'2023 年 01 月 29 日 15 时 01 分'
```

4.1.2 列表

在许多实际应用中，需要存储或操作包含一组数据的集合，而有时由于无法预先判断数据的数量，因此预先定义一定数量的独立变量并不现实，就需要某种方法将所有数据合并到某种单一对象中。这借鉴了数学中序列的思想，包含 n 个数值的序列$\{s_0,s_1,s_2,\cdots,s_{n-1}\}$ 称为 S，通过元素的下标来对其进行指代。例如，序列中第一个元素的下标为 0，即 s_0。

在 Python 中，列表（list）类型是一种序列型组合数据类型，用来存储由多个值组成的序列。在列表中，值可以是任何数据类型的，称为元素（element）或项（item）。

Python 中的列表是有序的。通过列表，可以用单个变量来表达整个数据序列，并且序列中的任意元素都可以通过其在序列中表示排序位置的下标来访问。换句话说，Python 对列表中的所有元素按序编号，称为索引，从而实现对元素的访问和修改。列表中的每个元素都分配有一个数字用于表示它的位置或索引，第一个元素的索引是 0，第二个元素的索引是 1，其余类推。例如，某数值序列被存储为列表对象 L，则可使用如下语句循环计算序列中所有数值的和：

```
sum=0
for i in range(n):
    sum=sum+L[i]
```

Python 中的列表是动态的，可以自由改变列表的长度，并且，列表中的元素可以是"异构"的，可以将任何类型的数据混合放入单个列表中。

1. 创建列表

将以逗号分隔的不同数据项使用方括号"[ ]"括起来，即可创建列表。
例如：

```
>>> list1 = ['physics', 'chemistry', 1997, 2000]
>>> list2 = [1, 2, 3, 4, 5 ]
>>> list3 = ["a", "b", "c", "d"]
```

列表与字符串可以相互转换，例如：

```
>>> str1='abc 123 甲乙丙'
>>> lst=str1.split()
>>> lst
['abc', '123', '甲乙丙']

>>> str2=''.join(lst)
>>> str2
'abc123 甲乙丙'

>>> str3=','.join(lst)
>>> str3
'abc,123,甲乙丙'

>>> lst2=str3.split(',')
>>> lst2
['abc', '123', '甲乙丙']
```

列表允许嵌套，也就是说，列表中的元素同样可以是列表。
例如：

```
>>> olist=[1,'str',['name','goofy'],…]
>>> nlist=[]   # 定义一个空列表
```

利用列表的嵌套可以组成多维的列表。例如，下列二维列表中的任意元素可以用方括号中两个维度的索引访问：

```
>>> mlist=[['ColA','ColB','ColC'],[1,2,3],[4,5,6],[7,8,9]]
>>> mlist[0][1]
'ColB'
>>> mlist[2][2]
6
```

2. 列表的基本操作

列表的基本操作见表 4-4。

表 4-4　列表的基本操作

操　作	含　义
<seq>[i]	索引（求列表<seq>中索引为 i 的元素）
<seq>[i:j:k]	切片（求列表<seq>中索引为 i~j-1 的子列表）
<seq1>+<seq2>	连接列表<seq1>和<seq2>
<seq>*<int-expr>或<int-expr>*<seq>	将列表<seq>复制<int-expr>次
len(<seq>)	求列表<seq>的长度，即所包含的元素数
for<var>in<seq>:	对列表<seq>中的元素进行循环操作
<expr>in<seq>	查找列表<seq>中是否存在列表<expr>，返回值为布尔值
del <seq>	删除列表<seq>
del <seq>[i]	删除列表<seq>中索引为 i 的元素
max(<seq>)	返回列表<seq>中的最大值
min(<seq>)	返回列表<seq>中的最小值

可以使用索引来访问列表中的值，即使用方括号的形式获得列表切片，例如：

```
>>> list1 = ['physics', 'chemistry', 1997, 2000]
>>> print ("list1[0]: ", list1[0])
list1[0]: physics
```

列表切片的形式为 list[i:j:k]，这与所有序列型组合数据类型（如字符串）切片的形式一致。其中，i 为开始位置索引（含），默认为 0；j 为终止位置索引（不含），默认至序列末尾；k 为切片的步长，默认为 1。i、j、k 使用默认值时均可省略，只保留冒号。

【例 4-3】 列表切片示例。

```
>>> list2 = [1, 2, 3, 4, 5, 6, 7 ]
>>> print ("list2[1:5]: ", list2[1:5])
list2[1:5]: [2, 3, 4, 5]

>>> l1 = [1, 2, 3, 4, 5, 6, 7, 8, 9, 10, 11]
>>> l1[0:2]  # 取区间[i,j)，左闭右开
[1, 2]
>>> l1[:2]    # 同上，可省略第 1 位
[1, 2]
>>> l1[2:]
[3, 4, 5, 6, 7, 8, 9, 10, 11]
>>> l1[2:-1]
[3, 4, 5, 6, 7, 8, 9, 10]
```

```
>>> l1[:]       # 相当于 l1
[1, 2, 3, 4, 5, 6, 7, 8, 9, 10, 11]
>>> l1[::2]      # 步长 2
[1, 3, 5, 7, 9, 11]
>>> l1[0:7:2]
[1, 3, 5, 7]
>>> l1[7:0:-2]   # 注意，步长为负值，表示从 7 到 1 倒序，步长为 2
[8, 6, 4, 2]
```

列表中的元素检查示例如下：

```
>>> lst=[1,2,3,4]
>>> 3 in lst
True
>>> 5 in lst
False
```

注意，列表与字符串的重要区别是，列表中的元素可以被更改，因此可以使用赋值语句改变列表中任意元素的值。

【**例 4-4**】　列表元素的更改示例。

```
>>> lst = [1, 2, 3, 4]
>>> lst [3]
4
>>> lst [3] = "Hello"
>>> lst
[1, 2, 3, 'Hello']
>>> lst [2] = 7
>>> lst
[1, 2, 7, 'Hello']
>>> lst [1:3] = ["Slice", "Assignment"]
>>> lst
[1, 'Slice', 'Assignment', 'Hello']

>>> lst1 = [1, 2, 3, 4]
>>> lst1[len(lst1):] = ['甲','乙','丙']
>>> lst1
[1, 2, 3, 4, '甲', '乙', '丙']

>>> mlist=[['ColA','ColB','ColC'],[1,2,3],[4,5,6],[7,8,9]]
>>> mlist[0][1]='Col_D'
>>> mlist[2][1]=50
>>> mlist
[['ColA', 'Col_D', 'ColC'], [1, 2, 3], [4, 50, 6], [7, 8, 9]]
```

由例 4-4 可见，Python 的列表是非常灵活的。本例展示了修改列表元素的操作。

使用运算符"*"和"+"可分别对列表元素进行复制或拼接，例如：

```
>>> zeroes=[0]*6
>>> print (zeroes)
[0,0,0,0,0,0]
>>> len(zeroes)
6
>>> print (2*[a]+[c]*3)
[a,a,c,c,c]
```

对列表元素进行循环操作可实现列表元素求和。

【例 4-5】 列表元素求和示例。

```
>>> s=[1,2,3,4,5,6,7,8,9]
>>> sum=0
>>> for i in s:
        sum=sum+i
>>> print ("sum is",sum)
        sum is 45
```

【例 4-6】 我国居民身份证号码由 17 位数字和 1 位校验码组成。其中，前 6 位为所在地编号，第 7～14 位为出生年月日，第 15～17 位为登记流水号，其中第 17 位偶数表示女性，奇数表示男性。校验码的生成规则：将前面的身份证号码 17 位数按顺序分别乘以对应的系数：7,9,10,5,8,4,2,1,6,3,7,9,10,5,8,4,2，然后将这 17 个乘积相加，结果与 11 求模，余数只可能是 0,1,2,3,4,5,6,7,8,9,10 这 11 个数之一，它们对应的最后一位身份证的号码分别为 1,0,X,9,8,7,6,5,4,3,2。例如，余数是 2，身份证号码最后一位就是罗马数字 X；余数是 10，身份证号码最后一位就是 2。

现设计程序实现输入 18 位身份证号码，并辨别其真伪。若为真，则进一步判断性别；若不是 18 位或身份证号码非法，则提示重新输入。

先将系数和结尾字符定义为 factor 和 last 两个列表，利用循环结构对输入字符串进行遍历，将计算得到的结尾字符与输入身份证号码的结尾字符进行比较，判断真伪。代码如下：

```
factor=[7,9, 10, 5, 8, 4, 2, 1, 6, 3, 7, 9, 10, 5, 8, 4, 2]
last=['1', '0', 'X', '9', '8', '7', '6', '5', '4', '3', '2']
while True:
    id=input('请输入身份证号码，0 则退出')
    if id=='0':
        break
    if len(id)!=18:
        print('输入位数不对，请重新输入')
        continue
    else:
        sum=0
        for i in range(17):
            sum+=int(id[i])*factor[i]
```

```
m=sum%11
lastchar=id[-1]
lastchar=lastchar.upper()    # 若为字母，则变为大写形式，可兼容输入小写 x
if lastchar==last[m]:
    print(id,'为合法身份证号码, ',end='')
    if int(id[-2])%2==0:
        print('为女性')
    else:
        print('为男性')
else:
    print(id,'为非法身份证号码')
```

运行结果：

```
请输入身份证号码，0 则退出 310110200007058616
310110200007058616 为非法身份证号码
请输入身份证号码，0 则退出 310110200007058617
310110200007058617 为合法身份证号码，为男性
请输入身份证号码，0 则退出 0
>>>
```

3. 对列表元素的操作

对列表元素操作的方法介绍如下。

- list.append(x)：在列表的末尾添加元素 x，等价于 a[len(a):] = [x]。
- list.extend(L)：在列表末尾加入指定列表 L 中的所有元素，等价于 a[len(a):] = L 或 a+L。
- list.insert(i, x)：在给定位置插入元素，即在位置 i 处插入元素 x，其余元素依次向后移。因此，a.insert(0, x)意味着在列表的首部插入元素 x，而 a.insert(len(a), x)等价于 a.append(x)。
- list.remove(x)：删除列表中第一个值为 x 的元素，若该元素不存在则出错。
- list.pop([i])：删除列表中给定位置 i 处的元素，并返回该元素。若不指定索引值（只用 list.pop），则移除并返回列表中的最后一个元素。
- list.clear()：删除列表中的所有元素，等价于 del a[:]。
- list.index(x)：返回列表中值为 x 的元素第一次出现的位置（索引），若不存在则出错。
- list.count(x)：返回 x 在列表中出现的次数。
- list.sort(key=None, reverse=False)：对列表中的元素进行排序，默认为升序。
- list.reverse()：将列表中元素的顺序反转。
- list.copy()：返回列表的浅复制。

【例 4-7】　列表操作示例。

```
>>> a = [66.25, 333, 333, 1, 1234.5]
>>> print(a.count(333), a.count(66.25), a.count('x'))
2 1 0
>>> a.insert(2, -1)
```

```
>>> a.append(333)
>>> a
[66.25, 333, -1, 333, 1, 1234.5, 333]
>>> a.index(333)
1
>>> a.remove(333)
>>> a
[66.25, -1, 333, 1, 1234.5, 333]
>>> a.reverse()
>>> a
[333, 1234.5, 1, 333, -1, 66.25]
>>> a.sort()
>>> a
[-1, 1, 66.25, 333, 333, 1234.5]
>>> a.pop()
1234.5
>>> a
[-1, 1, 66.25, 333, 333]
```

注意，上述示例中，insert()、remove()和 sort()方法仅修改操作对象，即列表元素，没有返回结果，即返回值为默认值 None。

如果需要不修改原序列对象而返回排序的结果，可调用函数 sorted(序列 [, key=None] [, reverse=False])。该函数可对序列对象（包括列表）进行操作，可选 key 参数作为排序关键字，还可选降序，返回一个排序后的新列表对象。例如：

```
>>> a = [66.25, 333, 333, 1, 1234.5]
>>> b = sorted(a, reverse=True)
>>> b
[1234.5, 333, 333, 66.25, 1]
```

Python 提供的 del 语句可以通过元素的索引来将其从列表中删除。

注意，del 不是一个列表对象的操作方法，而是可用于列表元素的 Python 内置操作命令。

del 与 pop()不同，pop()会返回被删除的元素。此外，del 还可以用来删除子列表或整个列表变量。例如：

```
>>> a = [-1, 1, 66.25, 333, 333, 1234.5]
>>> del a[0]
>>> a
[1, 66.25, 333, 333, 1234.5]
>>> del a[2:4]
>>> a
[1, 66.25, 1234.5]
>>> del a[:]
>>> a
[]
```

del a 将会删除整个列表。删除后，若企图访问该列表，将导致错误。例如：

```
>>> a=[1,2,3,4]
>>> del a
>>> a
Traceback (most recent call last):
  File "<pyshell#21>", line 1, in <module>
    a
NameError: name 'a' is not defined
```

4. 列表的迭代

Python 的序列型组合数据对象都是可迭代对象，可以不依赖于索引遍历取值。

```
>>> a = [66.25, 333, 333, 1, 1234.5]
>>> for n in a:
        print(n)

66.25
333
333
1
1234.5
```

Python 的内置函数 enumerate（序列）多用于在 for in 序列对象迭代中同时获得遍历偏移和元素。

```
>>> s='甲乙丙丁'
>>> for i, char in enumerate(s):
        print(i,char)

0 甲
1 乙
2 丙
3 丁

>>> a = [66.25, 333, 333, 1, 1234.5]
>>> for i ,value in enumerate(a):
        print(i,value)

0 66.25
1 333
2 333
3 1
4 1234.5
```

5. 列表解析

列表解析（list comprehension，也称为列表推导式）是 Python 提供的强有力的语句之一，常用于从集合对象中有选择地获取并计算元素。虽然在多数情况下可以使用 for、if 等语句组合完成同样的任务，但使用列表解析语句书写的代码更简洁（当然有时可能会不易读），执行速度更快。

【例 4-8】 创建平方数列表的方法比较。

使用 for 语句：

```
>>> squares = []
>>> for x in range(10):
        squares.append(x**2)

>>> squares
[0, 1, 4, 9, 16, 25, 36, 49, 64, 81]
```

使用列表解析语句可更加简便快捷地实现上述功能：

```
squares = [x**2 for x in range(10)]
```

类似地，可以用一个表达式简便快捷地生成 0～9 之间的整数字符列表：

```
>>> [str(i) for i in range(10)]
['0', '1', '2', '3', '4', '5', '6', '7', '8', '9']
```

列表解析语句的一般形式如下，可以把[ ]内的列表解析写为一行，也可以写为多行（以易读为原则）：

```
[<表达式> for x1 in <序列 1> [… for xN in <序列 N> if <条件表达式>]]
```

上面的表达式分为三部分，首先是生成每个元素的表达式，然后是 for 迭代过程，最后可以设定一个 if 判断作为过滤条件。例如：

```
>>> [x for x in range(10) if x % 2 == 0]
    # 生成 0～9 之间的偶数列表
[0, 2, 4, 6, 8]
```

列表解析语句可以包含较为复杂的表达式和内嵌函数，例如：

```
>>> from math import pi
>>> [str(round(pi, i)) for i in range(1, 6)]
['3.1', '3.14', '3.142', '3.1416', '3.14159']
```

4.1.3 元组

元组（tuple）类型是 Python 中的另一种序列型组合数据类型。元组与列表类似，可存储不同类型的数据，如字符串、数字甚至元组。然而，元组是不可改变的，创建后不能再做任何修改操作。元组的主要作用是作为参数传递给函数调用，或者在从函数调用那里获得参数时，保护其内容不被外部接口修改。

1. 创建元组

创建元组的语法很简单，如果用逗号分隔了一些值，那么将自动创建元组。元组通常用圆括号 "()" 括起来。用空的圆括号即可创建一个空元组。由于圆括号还兼有表达式分组功能，为避免歧义，仅有一个元素的元组应在元素后面加个逗号表明其类型。任意类型的一组对象，如果以逗号隔开，则默认为以该组对象为元素的元组。例如：

```
>>> t=()
>>> type(t)
<class 'tuple'>

>>> type((1))
<class 'int'>
>>> type((1,))
<class 'tuple'>

>>> 1,2,3
(1, 2, 3)
>>> t="a", "b", "c", "d"   # 元组打包（tuple packing）
>>>t
('a', 'b', 'c', 'd')
```

【例 4-9】　元组创建示例。

```
>>> tup1=(1,2,3)
(1, 2, 3)
>>>tup2= ('physics', 'chemistry', 1997, 2000)
('physics', 'chemistry', 1997, 2000)
>>> t = (12345, 54321, 'hello!')
>>> u = t, (1, 2, 3, 4, 5)       # 元组允许嵌套
>>> u
((12345, 54321, 'hello!'), (1, 2, 3, 4, 5))
>>> u[1][2]                      # 访问二维元组的元素
3
>>> v = ([1, 2, 3], [3, 2, 1])  # 元组中允许包含可修改数据类型的元素
>>> v
([1, 2, 3], [3, 2, 1])
>>> v[1][1]
2
>>> v[1][1]=9          # 虽然元组是只读的，但其元素列表是可修改的
>>> v
([1, 2, 3], [3, 9, 1])
>>> tu = [(1, 2, 3), (3, 2, 1)]
>>> tu[1][1]=9          # 与上面相反，试图修改元组中的元素会报错
```

```
Traceback (most recent call last):
  File "<pyshell#15>", line 1, in <module>
    tu[1][1]=9
TypeError: 'tuple' object does not support item assignment
```

注意，创建仅包含一个值的元组也必须加逗号。例如：

```
>>> 42,
(42,)
>>> (42,)
(42,)
>>> (42)
42

>>> empty=()              # 创建空元组
>>> singleton='hello'
>>> len(empty)
0
>>> len(singleton)
5
>>> singleton
'hello'
>>> singleton='hello',   # 加逗号后，singleton 实际上是包含一个元素'hello'的元组
>>> len(singleton)
1
>>> singleton
('hello',)
```

2. 元组的基本操作

元组的基本操作与列表类似，见表 4-5。

表 4-5　元组的基本操作

操　作	含　义
<tup>[i]	索引（求元组<tup>中索引为 i 的元素）
<tup>[i:j]	切片（求元组<tup>中索引为 i~j-1 的子元组）
<tup1>+<tup2>	连接元组<tup1>和<tup2>
<tup>*<int-expr>或<int-expr>*<tup>	将元组<tup>复制<int-expr>次
len(<tup>)	求元组<tup>的长度，即所包含的元素数
for<var>in<tup>:	对元组<tup>中的元素进行循环操作
<expr>in<tup>	查找元组<tup>中是否存在元组<expr>，返回值为布尔类型
del <tup>	删除元组<tup>
max(<tup>)	返回元组<tup>中的最大值
min(<tup>)	返回元组<tup>中的最小值

元组中的元素与列表一样，按定义的次序进行排序。因为元组中的索引与列表一样是从 0 开始的，所以一个非空元组的第一个元素总是 t[0]。其负数索引也与列表一样，从元组的末尾开始计数。与列表一样，也可以使用切片（slice）。**注意**，对一个列表切片，会得到一个新的列表；对一个元组切片，会得到一个新的元组。

与列表一样，元组也可以通过索引来访问元组中的值，例如：

```
>>>tup1 = ('physics', 'chemistry', 1997, 2000)
>>>tup2 = (1, 2, 3, 4, 5, 6, 7 )
>>>print("tup1[0]: ", tup1[0])
tup1[0]:  physics
>>>print("tup2[1:5]: ", tup2[1:5])
tup2[1:5]:  (2, 3, 4, 5)
```

元组中元素的值是不允许修改的，否则将会出错，例如：

```
>>> t = 12345, 54321, 'hello!'
>>> t[0]=54321
Traceback (most recent call last):
  File "<pyshell#52>", line 1, in <module>
    t[0]=54321
TypeError: 'tuple' object does not support item assignment
```

元组可以连接。与字符串一样，元组之间可以使用"+"号和"*"号进行运算，生成一个新的元组。例如：

```
>>> tup1 = (12, 34.56)
>>> tup2 = ('abc', 'xyz')
>>> print(tup1+tup2)
(12, 34.56, 'abc', 'xyz')
```

可以使用关键字 in 查看一个元素是否存在于元组中，使用 max()和 min()方法查看元组中的最大值、最小值。例如：

```
>>> t=(2,23,41,3,7,1,10,48,5)
>>> 2 in t
True
>>> 4 in t
False
>>> max(t)
48
>>> min(t)
1
```

可以用 del 语句删除整个元组。**注意**，当实例中的元组被删除后，若试图输出元组则会出错。例如：

```
>>> tup = ('physics', 'chemistry', 1997, 2000)
>>> print (tup)
('physics', 'chemistry', 1997, 2000)
>>> del tup
>>> print ("After deleting tup:", tup)
Traceback (most recent call last):
  File "<pyshell#65>", line 1, in <module>
    print ("After deleting tup:", tup)
NameError: name 'tup' is not defined
```

与列表操作类似，元组也有方法 tuple.index(x)，返回元组中值为 x 的元素第一次出现的位置（索引），若不存在则会报错。

```
>>> tup = ('physics', 'chemistry', 1997, 2000)
>>> tup.index(1997)
2
>>> tup.index(2023)
Traceback (most recent call last):
  File "<pyshell#19>", line 1, in <module>
    tup.index(2023)
ValueError: tuple.index(x): x not in tuple
```

元组的方法 tuple.count(x)可返回 x 在元组中出现的次数。

```
>>> t = (66.25, 333, 333, 1, 1234.5)
>>> t.count(333)
2
>>> t.count(666)
0
```

由于元组中的元素是不可修改的，因此：
● 不能向元组中增加元素，元组没有 append()或 extend()方法。
● 不能从元组中删除元素，元组没有 remove()或 pop()方法。

元组也没有类似于列表的为对象本身元素排序的方法，但可以使用 sorted()函数返回一个排序结果列表。例如：

```
>>> t = (66.25, 333, 333, 1, 1234.5)
>>> t.sort()
Traceback (most recent call last):
  File "<pyshell#24>", line 1, in <module>
    t.sort()
AttributeError: 'tuple' object has no attribute 'sort'

>>> lst=sorted(t)
>>> lst
[1, 66.25, 333, 333, 1234.5]
```

【**例 4-10**】　有一筐鸡蛋，1 个 1 个地拿，正好拿完；2 个 2 个地拿，还剩 1 个；3 个 3 个地拿，正好拿完；4 个 4 个地拿，还剩 1 个；5 个 5 个地拿，还差 1 个；6 个 6 个地拿，还剩 3 个；7 个 7 个地拿，正好拿完；8 个 8 个地拿，还剩 1 个；9 个 9 个地拿，正好拿完。问筐里最少有多少个鸡蛋？

方法一：遍历检查用于运算连接的每种拿法的剩余结果条件表达式。

```
i=0
while True:
    if ((i % 2==1) and (i % 3==0) and (i % 4==1) and (i % 5==4) and
    (i % 6==3) and (i % 7==0) and (i % 8==1) and (i % 9==0)):
        print ('i= ',i)
        break
    i+=1
```

方法二：改变检查上述条件表达式的方法，将 9 种拿法的剩余结果放在元组 remain 中，用 for 循环检查剩余结果。只要有一个不符合条件，则 flag=0，进入下一轮循环；若符合所有条件，则 flag=1，循环结束，输出结果。

```
i=0
remain=(0,1,0,1,4,3,0,1,0)
while True:
    flag=1
    for j in range(1,10):
        if i%j!=remain[j-1]:
            flag=0
    if flag==1:
        print ('i= ',i)
        break
    i+=1
```

运行结果：

```
i= 1449
```

3. 元组与列表的相互转换

元组与列表可以互相转换，Python 内置的 tuple() 方法用于接收一个列表，可返回一个包含相同元素的元组，而 list() 方法用于接收一个元组并返回一个列表。从元组与列表的性质来看，tuple() 方法相当于冻结一个列表，而 list() 方法相当于解冻一个元组。例如：

```
>>> list1=[1,2,3]
>>> tup1=tuple(list1)
>>> tup1
(1, 2, 3)
>>> list(tup1)
[1, 2, 3]
```

利用列表解析语句，也可以实现元组与列表的转换。

【例 4-11】 分别从两个列表中取不相等的两个元素组合成元组类型元素的新列表。

```
>>> [(x, y) for x in [1,2,3] for y in [3,1,4] if x != y]
[(1, 3), (1, 4), (2, 3), (2, 1), (2, 4), (3, 1), (3, 4)]
```

上述代码等价于：

```
>>> combs = []
>>> for x in [1,2,3]:
    for y in [3,1,4]:
        if x != y:
            combs.append((x, y))

>>> combs
[(1, 3), (1, 4), (2, 3), (2, 1), (2, 4), (3, 1), (3, 4)]
```

【例 4-12】 利用列表解析语句生成九九乘法表（元组类型元素的列表）。

```
>>>s = [(x, y, x*y) for x in range(1, 10) for y in range(1,10) if x>=y]
>>>s
[(1, 1, 1), (2, 1, 2), (2, 2, 4), (3, 1, 3), (3, 2, 6), (3, 3, 9),
(4, 1, 4), (4, 2, 8), (4, 3, 12), (4, 4, 16), (5, 1, 5), (5, 2, 10),
(5, 3, 15), (5, 4, 20), (5, 5, 25), (6, 1, 6), (6, 2, 12), (6, 3, 18),
(6, 4, 24), (6, 5, 30), (6, 6, 36), (7, 1, 7), (7, 2, 14), (7, 3, 21),
(7, 4, 28), (7, 5, 35), (7, 6, 42), (7, 7, 49), (8, 1, 8), (8, 2, 16),
(8, 3, 24), (8, 4, 32), (8, 5, 40), (8, 6, 48), (8, 7, 56), (8, 8, 64),
(9, 1, 9), (9, 2, 18), (9, 3, 27), (9, 4, 36), (9, 5, 45), (9, 6, 54),
(9, 7, 63), (9, 8, 72), (9, 9, 81)]
```

4. 元组解包

在前面创建元组的例子中，声明 "t="a", "b", "c", "d"" 被称为元组打包。其实也可以进行反向操作——元组解包（tuple unpacking），就是将等号右侧元组中的元素按顺序依次赋给等号左边的变量。例如：

```
>>> t=(1,2,3)
>>> a,b,c=t            # 解包
>>> a
1
>>> b
2
>>> c
3
```

在实际应用时，使用元组的优势：首先，元组比列表的运算速度快，如果定义了一个常量集对象，并且需要在程序中不断地遍历它，则建议使用元组而不是列表；其次，使用元组相当于为数据进行了"写保护"，使得数据更安全。

4.2　映射型组合数据——字典

在许多应用中需要利用关键词查找对应信息，例如，通过学号来检索某学生的信息。其中，通过学号查找所对应学生的信息的方式称为"映射"。Python 中的字典（dictionary）类型是一种映射型组合数据类型，字典类似于其他编程语言中的哈希（Hash）、关联数组、JSON 等结构。

4.2.1　创建字典

字典是包含键（key）和值（value）映射的集合，一个键对应一个值。这种键和值有一一对应关联的元素称为键值对（key-value pair）。简单地说，字典就是用花括号"{}"包裹的键值对的集合。用空的花括号可以创建一个空字典。若字典中含有键值对，则键与值之间用冒号"："分隔，键值对之间用逗号"，"分隔，格式如下：

```
d = {key1 : value1, key2 : value2 }
```

用花括号创建字典是最简单的方法，方法如下：

```
>>>dict1 = {'jack': 4098, 'sape': 4139}
>>> dict2 = {(1,2):['a','b'],(3,4):['c','d'],(5,6):['e','f']}
>>> dict2
{(1, 2): ['a', 'b'], (5, 6): ['e', 'f'], (3, 4): ['c', 'd']}
>>> type(dict2)
<class 'dict'>
>>>dict1 = {}     # 创建空字典
```

也可以通过关键字的形式创建字典，但键只能为字符串，并且字符串不用加引号。例如：

```
>>> dict(name='allen',age='40')
{'name': 'allen', 'age': '40'}
```

注意，键必须是唯一的，必须为不可变数据类型，例如，字符串、数值或元组。列表等可变数据类型不能作为键。值可以是任何数据类型。

字典的数据结构是散列表，字典中的元素是无序的，键值对的顺序可以随机变化，在 Python 3.5 版以前，每次遍历输出的顺序可能会不同。3.6 版以后，虽然每次遍历输出的顺序不再发生变化，但对于字典的编程关注点并不是排列顺序，而是键值对的对应关系。排列顺序不同的字典值仍是相同的：

```
>>> {'甲':123,'乙':456,'丙':789}=={'乙':456,'甲':123,'丙':789}
True
```

可以通过函数 dict() 将列表（或元组）转换为字典。例如：

```
>>> dict([('sape', 4139), ('guido', 4127), ('jack', 4098)])
{'jack': 4098, 'sape': 4139, 'guido': 4127}
```

　　该函数的参数是使用成对元组作为元素的列表。

　　函数 zip()能将作为参数的可迭代对象的对应元素打包成元组，再以这些元组组成二维序列对象。这样，类似上例，可将元组、列表等键值对序列转换为字典。例如：

```
>>> keys=['甲','乙','丙']
>>> values=[1.2,2.3,3.4]
>>> list(zip(keys,values))
[('甲', 1.2), ('乙', 2.3), ('丙', 3.4)]
>>> dic1=dict(zip(keys,values))
>>> dic1
{'甲': 1.2, '乙': 2.3, '丙': 3.4}
```

4.2.2　访问字典中的值

　　要得到字典中某个元素的值，可用键加方括号"[]"来得到，即用 dict[key]的形式返回键 key 对应的值。如果键不在字典中，则会引发 KeyError。例如：

```
>>> dict={'name': 'earth', 'port': 80}
>>> dict
{'name': 'earth', 'port': 80}
>>> dict['port']
80
>>> dict['a']
Traceback (most recent call last):
  File "<pyshell#4>", line 1, in <module>
    dict['a']
KeyError: 'a'
```

　　要检查字典中是否含有某个键，可以使用关键字 in。例如：

```
>>> d = {'name', 'alice'}
>>> 'name' in d
True
```

　　用 dict.get(key,default=None)可访问字典中键 key 的对应值，避免出现上述方法中键不存在的报错。若使用 get()方法访问一个不存在的键，则会得到 None。还可以自定义默认值，替换 None。

　　例如：

```
>>> d = {}
>>> print (d.get('name'))
None
>>> d.get("name",'N/A')
'N/A'
>>> d["name"] = 'Eric'
>>> d.get('name')
'Eric'
```

4.2.3　字典的更新与合并

可添加、删除或更新字典中的一个键值对，例如：

```
>>> adict={'name': 'earth', 'port': 80}
>>> adict['age']=18          # 添加新键值对('age':18)
>>> adict
{'name': 'earth', 'port': 80, 'age': 18}
>>> adict['name']='moon'     # 更新键'name'的值
>>> adict
{'name': 'moon', 'port': 80, 'age': 18}
>>> del adict['port']        # 删除键值对('port':80)
>>> adict
{'name': 'moon', 'age': 18}
```

用 dict.update(adict)可以利用一个字典更新另一个字典。新提供的字典中的所有键值对均会被添加到旧字典中，若有相同的键则会进行覆盖。例如：

```
>>> d={'name':'alice','age':19,'sex':'F'}
>>> x={'name':'bob','phone':'12345678'}
>>> d.update(x)
>>> d
{'name': 'bob', 'age': 19, 'sex': 'F', 'phone': '12345678'}
```

Python 3.5 版以后，也可以用{**dict1,**dict2}表达式完成字典的合并与更新。字典 dict2 中的所有键值对均会被添加到字典 dict1 中，若有相同的键则会进行覆盖。例如：

```
>>> d={'name':'alice','age':19,'sex':'F'}
>>> x={'name':'bob','phone':'12345678'}
>>> {**d,**x}
{'name': 'bob', 'age': 19, 'sex': 'F', 'phone': '12345678'}
```

4.2.4　字典的操作

字典对象提供了一系列内置方法来访问、添加或删除其中的键、值或键值对。字典对象的方法见表 4-6。

表 4-6　字典对象的方法

字典对象的方法	含　　义
dict.keys( )	返回包含字典 dict 中所有键的序列对象
dict.values( )	返回包含字典 dict 中所有值的序列对象
dict.items( )	返回包含字典 dict 中所有元组形式的键值对项的序列对象
dict.clear( )	删除字典 dict 中的所有键值对，无返回值
dict.copy( )	返回字典 dict 的浅复制副本

字典对象的方法	含　义
dict.get(key,default=None)	返回字典 dict 中 key 对应的值，若 key 不存在，则返回 default 的值（default 默认为 None）
dict.pop(key[,defalut])	若字典 dict 中存在 key，则删除并返回 key 对应的值；如果 key 不存在，且没有给出 default 的值，则引发 KeyError 异常
dict.setdefault(key,default=None)	若字典 dict 中不存在 key，则由 dict[key]=default 为其赋值
dict.update(adict)	将字典 adict 中的键值对项添加到字典 dict 中

1. 返回字典所有的键、值和元组形式的键值对项

dict.keys()、dict.values()、dict.items()这三个方法分别返回包含字典 dict 中所有键、值和元组形式的键值对项的序列对象。例如：

```
>>> d={'name':'alice','age':19,'sex':'F'}
>>> d.keys()
dict_keys(['name', 'age', 'sex'])
>>> d.values()
dict_values(['alice', 19, 'F'])
>>> d.items()
dict_items([('name', 'alice'), ('age', 19), ('sex', 'F')])
```

dict.keys()、dict.values()、dict.items()这三个方法返回的序列对象均可迭代。例如：

```
>>> d={'name':'alice','age':19,'sex':'F'}
>>> for k,v in d.items():
        print(k,v)


name alice
age 19
sex F

>>> for k in d.keys():
        print(k)


name
age
sex


>>> for v in d.values():
        print(v)


alice
19
F
```

2. 移除键值对

dict.pop(key[,defalut])用来获得并返回字典 dict 中对应给定键 key 的值，然后将这个键值对从该字典中移除。例如：

```
>>> d={'name':'alice','age':19,'sex':'F'}
>>> d.pop('name')
'alice'
>>> d
{'age': 19, 'sex': 'F'}
```

3. 字典清空

用 dict.clear()可清空字典 dict 中的所有元素。

有趣的是，对两个相等的字典对象 x 和 y（地址引用），若将 x 赋值为空字典，将不对 y 产生影响；而若用 clear()方法清空 x 中的所有元素，则将会同时清空 y。对比如下。

赋值为空字典：

```
>>> x = {}
>>> y = x
>>> x['key'] = 'value'
>>> y
{'key': 'value'}
>>> x = {}
>>> y
{'key': 'value'}
```

用 clear()方法清空：

```
>>> x = {}
>>> y = x
>>> x['key'] = 'value'
>>> y
{'key':'value'}
>>> x.clear()
>>> y
{}
```

4. 字典的复制

dict.copy()返回一个与字典 dict 具有相同键值对的新字典。如同赋值操作一样，用 copy()方法复制的也仅仅是对象与值的地址引用，即当修改原字典中某个值时，副本字典也会相应改变，故称为浅复制（shallow copy，仅复制字典对象直接包含的引用）。如果要复制并建立独立的值对象，可使用 copy 库中的深复制方法（不仅复制字典对象，还要复制这个字典对象所引用的对象）copy.deepcopy()。例如：

```
>>> x = {'a':[1,],'b':[2,3,4]}
>>> y = x.copy()
>>> import copy
>>> z = copy.deepcopy(x)
>>> x['a'].append(5)
>>> x
{'a': [1, 5], 'b': [2, 3, 4]}
>>> y
{'a': [1, 5], 'b': [2, 3, 4]}
>>> z
{'a': [1], 'b': [2, 3, 4]}
```

5. 字典作为字符串格式化参数

字典可以为 format() 方法和 f-strings 语句的字符串格式化提供参数。例如：

```
>>> dct={'name':'张小丽','age':19,'gender':'女'}
>>> '{name}是个{age}岁的{gender}孩'.format(**dct)
'张小丽是个 19 岁的女孩'
>>> f"{dct['name']}是个{dct['age']}岁的{dct['gender']}孩"
'张小丽是个 19 岁的女孩'
```

6. 利用字典实现枚举

Python 没有专门的枚举分支结构，但利用字典可实现枚举的功能。

【例 4-13】 输入两个数字，并输入加/减/乘/除运算符号，然后输出运算结果。若输入其他符号，则退出程序。

```
while True:
    a=float(input('请输入第一个数字'))
    b=float(input('请输入第二个数字'))
    t=input('请输入运算符号，其他符号为退出程序')
    tup=('+','-','*','/')
    if t not in tup:
        break
    dic={'+':a+b,'-':a-b,'*':a*b,'/':a/b}
    print('%s%s%s=%0.1f' %(a,t,b,dic.get(t)))
```

运行结果：

```
>>>
请输入第一个数字 2.3
请输入第二个数字 3.4
请输入运算符号，其他符号为退出程序/
2.3/3.4=0.7
```

【例 4-14】 引入内置 calendar 模块，输入年、月、日，根据 weekday(year,month,day) 的返回值，输出该日期是星期几。weekday(year,month,day) 返回 0~6，分别对应星期一至星期日。

```
from calendar import *
y=input('请输入年')
m=input('请输入月')
d=input('请输入日')
dic={0:'星期一',1:'星期二',2:'星期三',3:'星期四',4:'星期五',\
    5:'星期六',6:'星期日'}
if y.isdigit() and m.isdigit() \
    and d.isdigit() and 1<=int(m)<=12 \
```

```
  and 1<=int(d)<=31:
   w=weekday(int(y),int(m),int(d))
   print('您输入的{}年{}月{}日是{}'.format(y,m,d,dic[w]))
 else:
   print('输入日期有误')
```

运行结果：

```
>>>
请输入年 1949
请输入月 10
请输入日 1
您输入的 1949 年 10 月 1 日是星期六
```

读者是否注意到此处导入 calendar 模块和调用 weekday()的语句与例 4-2 有所不同？库与模块的导入方式见 7.5.2 节。

4.3　集合型组合数据——集合

集合（set）是不重复元素的无序集，与数学中集合的概念相似，可由不同类型的元素组合而成。

集合也用花括号“{}”来界定，其元素也没有顺序，所有也没有索引或位置的概念。集合中的元素不可重复，且必须是不可变数据类型（数值、字符串、元组），类似于字典中的键。集合的内部结构与字典很相似，区别是“集合只有键没有值”。

由于集合是无序的，不记录元素位置或者插入点，因此不支持索引、切片或其他类序列（sequence-like）的操作。

4.3.1　集合的创建

1. 使用{ }赋值创建

有元素的集合可以直接使用{}界定符赋值创建，但是因为{}已定义为空字典，所以创建一个空集合要用 set()。

【例 4-15】　集合的创建示例。

```
>>> s3={1,2,3,4,5}
>>> s3
{1, 2, 3, 4, 5}
>>> s4=set()        # 注意，创建空集合要用 set()而非{}，若用{}，将创建空字典
>>> s4
set()
>>> type(s4)
<class 'set'>
>>> s5={}
```

```
>>> type(s5)
<class 'dict'>

>>> s5={'Python',(1,2,3)}
>>> s5
{'Python', (1, 2, 3)}
>>> s6={"Python",[1,2,3]}
Traceback (most recent call last):
  File "<pyshell#69>", line 1, in <module>
    s6={"Python",[1,2,3]}
TypeError: unhashable type: 'list'          # 列表不能作为集合的元素
>>> s7={"Python",{'name':'alice'}}
Traceback (most recent call last):
  File "<pyshell#70>", line 1, in <module>
    s7={"Python",{'name':'alice'}}
TypeError: unhashable type: 'dict'          # 字典不能作为集合的元素
```

从上面例子可以看出，通过{}无法创建含有列表或字典元素的集合。

2. 由字符串创建

用 set(str)可以将字符串 str 中的字符拆开转换成集合。例如：

```
>>> s1=set('helloPython')
>>> s1
{'t', 'P', 'h', 'e', 'o', 'n', 'y', 'l'}
```

注意，'helloPython'中包含两个'l'、两个'o'和两个'h'，但在集合 s1 中，'l'、'o'和'h'分别只有一个，即创建集合时自动去除了重复字符。

3. 由列表或元组创建

用 set(seq)创建集合，参数 seq 可以是列表或元组。在下面例子中，调用函数 set()并传入列表 list，将 list 中的元素作为集合的元素。

```
>>> s2=set([1,'name',2,'age','hobby'])
>>> s2
{'age', 1, 2, 'hobby', 'name'}
>>> s2=set((1,2,3))
>>> s2
{1, 2, 3}
```

在编程时可利用集合元素的唯一性，为列表元素去重。例如：

```
>>> s=set([1,2,3,2,3,4])
>>> s
{1, 2, 3, 4}
```

```
>>> lst=list(s)
>>> lst
[1, 2, 3, 4]
```

4.3.2 集合的修改

修改集合对象的方法见表 4-7。

表 4-7 修改集合对象的方法

修改集合对象的方法	含 义
set.add(x)	向集合 set 中添加元素 x
set.update(a_set)	使用集合 a_set 更新原集合 set
set.pop()	删除并返回集合 set 中的任意一个元素
set.remove(x)	删除集合 set 中的元素 x，如果 x 不存在则会报错
set.discard(x)	删除集合 set 中的元素 x，如果 x 不存在则什么也不做
set.clear( )	清空集合 set 中的所有元素

（1）set.add(x)用于向集合 set 中添加元素 x。例如：

```
>>> a_set={1,2}
>>> a_set.add("Python")
>>> a_set
{1, 2, 'Python'}
>>> a_set.add(['alice','bob'])  # 注意向集合中添加列表的操作会导致错误
Traceback (most recent call last):
  File "<pyshell#76>", line 1, in <module>
    a_set.add(['alice','bob'])
TypeError: unhashable type: 'list'
```

（2）set.update(a_set)使用集合 a_set 更新原集合 set，即把 a_set 中的元素放入 set 中。例如：

```
>>> a_set={'alice'}
>>> b_set={'bob'}
>>> a_set.update(b_set)
>>> a_set
{'alice', 'bob'}
>>> b_set  # b_set 没有变
{'bob'}
```

（3）set.pop()从集合 set 中任意选择一个元素，删除并返回该元素。**注意**，不可指定要删除的元素，否则将会报错（set.pop()不能有参数）。若 set 为空也会报错。例如：

```
>>> a_set={'Python','c#','java','perl'}
>>> a_set.pop()
```

```
'Python'
>>> a_set
{'c#', 'perl', 'java'}
>>> a_set.pop()
'c#'
>>> a_set
{'perl', 'java'}
>>> a_set.pop()
'perl'
>>> a_set
{'java'}
>>> a_set.pop('java')
Traceback (most recent call last):
  File "<pyshell#90>", line 1, in <module>
    a_set.pop('java')
TypeError: pop() takes no arguments (1 given)     # 不可指定要删除的元素
>>> a_set.pop()
'java'
>>> a_set
set()                                              # 此时已成为空集合
>>> a_set.pop()
Traceback (most recent call last):
  File "<pyshell#92>", line 1, in <module>
    a_set.pop()
KeyError: 'pop from an empty set'                  # 为空集合执行 pop 将会报错
>>>
```

（4）set.remove(x)与 set.discard(x)的作用都是删除集合 set 中的元素 x。不同的是，对 set.remove(x)，x 必须是 set 中的元素，否则会报错。而对 set.discard(x)，若 x 不是集合中的元素，则什么也不做。例如：

```
>>> a_set=set('abcde')
>>> a_set
{'d', 'c', 'b', 'a', 'e'}
>>> a_set.remove('b')
>>> a_set
{'d', 'c', 'a', 'e'}
>>> a_set.remove('p')
Traceback (most recent call last):
  File "<pyshell#97>", line 1, in <module>
    a_set.remove('p')
KeyError: 'p
>>>a_set.discard('p')
```

（5）set.clear()用于删除集合中的所有元素。例如：

```
>>> a_set={1,2,3}
>>> a_set.clear()
```

```
>>> a_set
set()
```

4.3.3 集合的数学运算

集合支持联合（Union）、交（Intersection）、差（Difference）和对称差集（Symmetric Difference）等数学运算，见表 4-8。

表 4-8　集合的数学运算

Python 符号	集合对象的方法	含　义
s1 & s2	s1.intersection(s2)	返回集合 s1 与 s2 的交集
s1 | s2	s1.union(s2)	返回集合 s1 与 s2 的并集
s1−s2	s1.difference(s2)	返回集合 s1 与 s2 的差集
s1^s2	s1.symmetric_difference(s2)	返回集合 s1 与 s2 的对称差
x in s1		测试元素 x 是否是集合 s1 的成员
x not in s1		测试元素 x 是否不是集合 s1 的成员
s1<=s2	s1.issubset(s2)	测试是否集合 s1 是 s2 的子集
s1>=s2	s1.issuperset(s2)	测试是否集合 s1 是 s2 的超集
	s1.isdisjoint(s2)	测试集合 s1 和 s2 是否有交集
s1|= s2	s1.update(s2)	用集合 s2 更新 s1

【例 4-16】　集合运算示例。

```
>>> s1={'a','e','i','o','u'}
>>> s2={'a','b','c','d','e'}
>>> s1
{'a', 'o', 'e', 'i', 'u'}
>>> s2
{'d', 'e', 'a', 'c', 'b'}
>>> s1&s2
{'e', 'a'}
>>> s1|s2
{'o', 'a', 'c', 'i', 'd', 'u', 'e', 'b'}
>>> s3={'a','e'}
>>> s3.issubset(s1)
True
>>> s1.issuperset(s3)
True
>>> s1.difference(s2)
{'o', 'i', 'u'}
>>> s1.symmetric_difference(s2)
{'o', 'c', 'i', 'd', 'u', 'b'}
>>> 'a' in s1
True
```

```
>>> 'a' not in s1
False
```

集合类型是可修改的数据类型，但集合中的元素必须是不可修改的。换句话说，集合中的元素只能是数值、字符串或元组。

由于集合是可修改的，因此集合中的元素不能是集合。但是，Python 另外提供了 frozenset()方法，用来创建不可修改的集合，可作为字典的键，也可以作为其他集合的元素。例如，{frozenset({1, 2, 3}): 'frozenset', 'Python': 3.4}，{frozenset({1, 2, 3}), 'a'}。

习题 4

一、单选题

1. 列表[i for i in range(15) if i % 5 == 0]的值是_____。

A）[5, 10]　　　　　B）[0, 5, 10,15]　　　　C）[5, 10,15]　　　　D）[0, 5, 10]

2. 列表[i for i in range(12) if i % 4 == 0]的值是_____。

A）[4, 8]　　　　　B）[0, 4, 8]　　　　C）[4, 8,12]　　　　D）[0, 4, 8,12]

3. 若 aList=[1, 2]，则执行 aList.insert(-1,5)后，aList 的值是_____。

A）[1, 2, 5]　　　　B）[1, 5, 2]　　　　C）[5, 1, 2]　　　　D）[5, 2, 1]

4. 关于列表数据类型，下面描述正确的是_____。

A）不支持 in 运算符

B）可以不按顺序查找元素

C）必须按顺序插入元素

D）所有元素类型必须相同

5. 在字符串格式化中，格式字符串中可以使用_____代表要输出的数据。（多选）

A）%s　　　　　B）%n　　　　　C）%f　　　　　D）%d

6. 执行以下两条语句后，lst 的结果是_____。

```
lst = [3, 2, 1]
lst.append(lst)
```

A）抛出异常

B）[3, 2, 1, […]]，其中 "…" 表示无穷递归

C）[3, 2, 1, [3, 2, 1]]

D）[3, 2, 1, lst]

7. 下面选项中，_____类型是 Python 中的可更改数据类型。

A）字符串　　　　B）元组　　　　　C）列表　　　　　D）数字

8. 列表中的元素排序，可以通过在 sort()中添加 reverse 参数来实现，参数值等于_____表示降序排列。

A）True　　　　　B）true　　　　　C）False　　　　　D）false

9. 下列关于元组的说法，错误的是_____。

A）元组中的元素不能改变和删除

B）元组没有 append()或 extend()方法

C）元组在定义时所有元素放在一对圆括号 "()" 中

D）用 sort()方法可对元组中的元素排序

10. 在下列表达式中，_____不是合法的元组。

A）(20,)　　　　　　B）('runoob')　　　　　　C）()　　　　　　　　D）(123, 'runoob')

11. 下列关于字典的定义，_____是错误。

A）值可以是任意类型的 Python 对象

B）属于 Python 中的不可变数据类型

C）字典元素用花括号{ }包裹

D）由键值（key-value）对构成

12. Python 中的序列类型不包括_____。

A）字符串　　　　　B）字典　　　　　　　C）元组　　　　　　　D）列表

13. 对于字典 dic={'abc':123, 'def':456, 'ghi':789}，len(dic)的结果是_____。

A）6　　　　　　　　B）3　　　　　　　　C）9　　　　　　　　　D）12

14. 在下列语句中，定义了一个字典的是_____。

A）[1,2,3]　　　　　B）(1,2,3)　　　　　C）{1,2,3}　　　　　　D）{}

15. 在下列语句中，不能创建一个字典的是_____。

A）dict = {}　　　　　　　　　　　　　B）dict= {4：6}

C）dict = {(4,5,6):'dictionary'}　　　　　D）dict = {[4,5,6]:'dictionary'}

二、程序填充题

本题根据密码表将密文解密为明文。为了提高数据的安全性，可将数字（如银行账号等）加密成字母密文保存，在使用时再解密还原成数字（例如，密文 "agKxKaKa" 用本程序可解密为 "20151212"）。

本题解密方法可预先约定好一组字母密码存放在元组 code 密码表中，code[0]～code[9]分别表示数字 0～9 对应的密码；输入欲解密的密文（Ciphertext）并回车（输入字母 q 将退出程序），根据密码表转换成明文（Plaintext，密码表中无法转换的密码用 "?" 代替），最后显示在标签上。运行结果示例如图 4-2 所示。

```
Please Input the Ciphertext('q' for Exit):
agKxKaKa
The Plaintext is:
20151212
Please Input the Ciphertext('q' for Exit):
agKxKgPKAK
The Plaintext is:
20151031?1
Please Input the Ciphertext('q' for Exit):
q
>>>
```

图 4-2　将密文解密为明文

在以下代码中填空，实现上述功能。

```
code= ('g', 'K', 'a', 'P', 'W', 'x', 'E', 'Q', 'f', 't')
while True:
    d=''
    s=input("Please Input the Ciphertext('q' for Exit):\n")
    if (s=='q'):
        break
    for i in _____(1)_____:
        if s[i]____(2)____ code:
            p=code.index (s[i])
            d____(3)____
        else:
            d+='?'
    _____(4)_____ ("The Plaintext is:\n" +d)
```

三、程序设计题

银联信用卡校验码为卡号最后 1 位，采用的是 LUHN 算法，亦称模 10 算法。计算方法如下。

第 1 步：从左边第 1 个数字开始每隔 1 位乘以 2。

第 2 步：把在第 1 步中获得的每组乘积逐位数字（个位与十位）相加，然后再与原卡号中未乘 2 的各位数字相加求和。

第 3 步：求 10 与第 2 步求和值的个位数之差，如果个位数为 0，则该校验码为 0。

例如：

625965087177209（不含最后 1 位的卡号）

第 1 步：6×2=12，5×2=10，6×2=12，0×2=0，7×2=14，7×2=14，2×2=4，9×2=18

第 2 步：(1+2) + (1+0) + (1+2) + (0) + (1+4) + (1+4) + (4) + (1+8) = 30

30 + 2+9+5+8+1+7+0 = 62

第 3 步：10-2=8

所以，校验码是 8，完整的卡号应该是 6259650871772098。

请编写程序，检验银联信用卡卡号的合法性。

获取本章资源

第5章

文件与基于文本文件的数据分析

————————

本章教学目标:
- 初步理解文件与目录的基本概念和编码方式。
- 理解文件的打开和关闭操作。
- 掌握文本文件的读取、写入和追加写入操作。
- 初步掌握基于文本文件的数据分析,学会利用第三方库进行中文词频分析。
- 了解利用第三方库 wordcloud 进行词语可视化的方法。

————————

操作系统是以文件为单位对数据进行管理的,当访问磁盘等外存中的数据时,必须先按文件名找到指定的文件,然后再从该文件中读取数据;如果要向磁盘等外存中存储数据,也必须先找到指定的文件或建立一个文件,才能向其写入数据。程序设计中,对外存中数据的读写操作都与文件的管理、文件的编码和文件的类型有着密切的关系。

5.1 文件的基本概念

5.1.1 文件与访问路径

文件是存储在磁盘等外存中的数据集合,通常可以长久保存,也称为磁盘文件。这种在磁盘中保存的文件是通过目录来组织和管理的,目录提供了指向对应磁盘空间的路径地址。目录一般采用树状结构,在这种结构中,每个磁盘都有一个根目录,包含若干文件和子目录。子目录还可以包含下一级目录,以此类推,可以形成多级目录结构。

访问文件需要知道文件所在的目录路径。从根目录开始标识文件所在完整路径的方式称为**绝对路径**。以保存在 D 盘 test1 目录的 ex 子目录下的文件 file1.txt 为例,其带绝对路径的文件名可写为 "D:\test1\ex\file1.txt"。

在常见操作系统中,目录以"\"或"/"分隔。而在 Python 中,"\"必须转义为"\\",所以程序中使用如下三种绝对路径表达字符串,均能正确访问文件 file1.txt:

```
"D:\\test1\\ex\\file1.txt"
"D:/test1/ex/file1.txt"
r"D:\test1\ex\file1.txt"      # r 表示字符串内不转义
```

如果从当前程序所在的目录位置出发，表达要访问的文件位置关系，也可以相对于程序所在的目录位置建立引用文件所在的路径，称为**相对路径**。绝对路径与相对路径的不同之处在于，描述目录路径时所采用的参考点不同，当程序保存在不同目录位置时，访问文件的路径描述不同。

仍以保存在 D 盘 test1 目录的 ex 子目录下的文件 file1.txt 为例，若 Python 程序保存在 D 盘的 test1 目录下，则程序中使用以下三种相对路径表达字符串也能正确访问文件 file1.txt：

```
"\\ex\\file1.txt"
"ex/file1.txt"
r"ex\file1.txt"
```

在操作系统中还经常使用 "./" 代表当前目录，"../" 代表上一级目录。这样，程序访问文件 file1.txt 的相对路径表达字符串还可表示如下：

```
"./ex/file1.txt"
"../test1/ex/file1.txt"
```

5.1.2 文件与编码

在物理上，文件都是以二进制方式存储的。但从文件的逻辑结构上，又可将文件分为文本文件和二进制文件。

二进制文件是基于二进制数值存储的文件，如图像、音频文件等。二进制文件直接用 Windows 记事本打开时通常会显示为乱码。

文本文件是基于自然语言可读的编码字符存储的文件，常见的编码有 ASCII 编码和 Unicode 编码等。用程序读写文本文件需要进行编码/解码。

文本文件的内容就是字符，用记事本可读。在记事本中还可以选择编码方式另行保存。如图 5-1 所示，使用 "另存为" 命令，在打开的对话框中，可以选择 ANSI、Unicode 和 UTF-8 等编码。

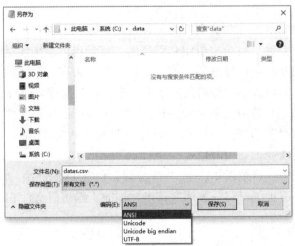

图 5-1　记事本中的 "另存为" 对话框

1. ANSI 编码

ANSI 编码是由美国国家标准学会（American National Standards Institute）制定的编码标准（ISO-8859-1）。记事本默认以 ANSI 编码保存，ANSI 编码的西文字符就是 ASCII 编码。不同的国家在 ASCII 编码基础上提出了自己语言的编码标准，由此产生了 GB2312、GBK、Big5、Shift_JIS 等编码标准。只要是能在 ASCII 编码基础上以机内码自动区别的编码，大部分能够被自动识别，如 GB2312、GBK 等。一个西文字符称为一个半角字符，占 1B（Byte，字节）；而一个中文字符称为一个全角字符，占 2B。机内码相互不干扰。

2. Unicode 编码

Unicode 编码是一种国际标准字符编码，可以容纳全世界所有语言文字，其中的每个字符都具有唯一的编码。对于 ASCII 编码中的半角字符，Unicode 编码保持其原编码不变，只是将其长度由原来的 8bit（位）扩展为 16bit；而对于其他自然语言的字符，则全部统一编码。Unicode 编码中的字符，无论是西文还是汉字，都计为一个字符。

3. UTF-8 编码

UTF-8 编码是在互联网上使用最广的一种 Unicode 编码实现方式，是为解决 Unicode 字符集在网络上传输的问题，按照 UTF（Unicode Transformation Format）传输规范设定的编码方式。常见的规范包括 UTF-8、UTF-16 等，分别对 Unicode 字符集进行编码，每次传输 8bit、16bit 的数据。为了保证传输时的可靠性，从 Unicode 编码到 UTF 编码并不是直接对应的，而是要通过一些算法和规则进行转换。UTF-8 编码是一种可变长度的编码方式，使用 1～4 B 表示一个符号。

在 Python 3.x 版中，文件的默认编码是 UTF-8 编码。文本对象 str 可以直接使用 str.encode()进行编码，得到 UTF-8 编码的字节对象 bytes，再使用 bytes.decode()解码为文本。例如：

```
>>> s1='汉字'
>>> s2=s1.encode('utf-8')
>>> s2
b'\xe6\xb1\x89\xe5\xad\x97'
>>> s2.decode('utf-8')
'汉字'
```

其中，汉字的 UTF-8 编码字符串带前缀 b，表明编码的本质是二进制数据。字符串中用前缀\x 表示十六进制数。每个汉字占 3B。

5.2　文件的操作

程序中对文件的操作通常包括打开文件、读取文件、对文件数据进行处理、写入文件和关闭文件等。

5.2.1　文件的打开和关闭

Python 用 open()方法打开文件并返回一个文件对象，建立文件对象与物理文件的关联：

<文件对象> = open(<文件名>[,<模式>] [,<编码>])

其中，<文件名>为必需参数，以字符串表示文件的绝对路径文件名或从程序所在位置出发的相对路径文件名。<模式>是可选参数，以字符串表示文件的打开模式，如果省略，则默认为 r。<编码>也是可选参数，默认为 ANSI 或 GBK，若为 UTF-8 编码则应声明 encoding='utf-8'（字符串内大小写形式均可）。文件的打开模式见表 5-1。

表 5-1　文件的打开模式

模　式	含　义
r	以只读模式打开
w	以写模式打开一个文件，若这个文件已存在，则覆盖原来的内容；若这个文件不存在，则创建这个文件
x	以写模式独占创建并打开一个新文件，若文件已存在，则报错 FileExistsError
a	以写模式打开，写入内容追加在文件的末尾
b	表示二进制文件，添加在其他控制字符后
+	以更新模式打开，支持读和写

指针是文件对象当前读写位置的记录，指向下一个将要读取的读写信息单元或当前的写入位置。open()方法创建了一个文件对象后，指针通常定位在文件的头部，即开始位置的最左边。按照从左到右的顺序访问文件中的读写信息单元，称为顺序读写。

文本文件的读写信息单元为字符，以一定的编码方式保存在文件中。程序将文本文件对象作为一维字符流，以字符为单位进行存取操作，由程序控制字符流输入/输出的开始和结束。每行末尾有一个换行符\n。文件的末尾通常有一个结束标志 EOF。与其他模式不同，以 a 模式打开的文件对象指针定位在文件末尾的 EOF 之前。

Python 处理二进制文件与处理文本文件的方式有所不同。以二进制模式（b 模式）打开的文件对象，其读写信息单元是字节形式的数据对象，文件的存取操作是直接的值处理，按照存储所需的实际字节数占用数据容量。

【例 5-1】　读取当前目录中的 1.jpg 文件复制为 2.jpg 文件。

```
f1=open("1.jpg", "rb")
file_content=f1.read()
f1.close()

f2 = open("2.jpg", "wb")
filesize=f2.write(file_content)    # 执行操作后返回写入字节数
print(filesize,'Bytes','复制成功')
f2.close()
```

运行程序可显示"43793 Bytes 复制成功",经测试,所复制生成的 2.jpg 文件与 1.jpg 文件一致。

处理完一个文件对象后,需要关闭文件对象,释放所占用的系统资源:

```
<文件对象>.close()
```

5.2.2　文本文件的读取、写入和追加写入

1. 读取文本文件

文本文件的读取通常使用以下三个方法,方法的返回值都是读取的内容,但返回的形式不同。

(1)<文件对象>.read(size)

该方法返回一个长度为 size 的字符串。参数 size 表示读取的字符数(整型),可以省略。如果省略 size,则表示读取并返回文件所有内容。每执行一次 read()方法,指针均会移动至相应位置。如果指针已到达文件的末尾,再执行 read()方法将返回一个空字符串("")。

例如,对于内容为"天道酬勤\n 力耕不欺"的、以 UTF-8 编码保存的文件 C:\data\td.txt:

```
>>> f = open('C:/data/td.txt', 'r',encoding='utf-8')
>>> f.read(1)
'\ufeff'
>>> f.read(2)
'天道'
>>> f.read()
'酬勤\n 力耕不欺'      # 每行结尾有\n,表示换行
>>> f.read()
''
>>> f.close()
```

其中,'\ufeff'为字节顺序标记(Byte Order Mark,BOM),通常放在以 UTF-8 编码保存的文本文件头部的位置,是一个不可见字符。

(2)<文件对象>.readline()

该方法每执行一次,均会读取文件当前的一行,并返回字符串,中间行以换行符\n 结尾,指针相应后移至下一行前。如果指针已到达文件的末尾,再执行 readline()方法将返回一个空字符串("")。如果是一个空行,则返回\n。例如:

```
>>> f = open('C:/data/td.txt', 'r',encoding='utf-8')
>>> f.readline()
'\ufeff 天道酬勤\n'
>>> f.readline()
'力耕不欺'
>>> f.readline()
''
>>> f.close()
```

在大数据处理应用中，从文件中逐行读取内容对于无法一次读取的超大文件很有意义。利用在文件对象上的循环迭代，可以更高效地获取全部数据并且节省资源。例如：

```
f = open('C:/data/td.txt', 'r',encoding='utf-8')
for line in f:
    print(line,end='')
f.close()
```

由于每行末尾已有换行符，而 print()函数默认参数 end='\n'，如果不加 end=''，则会打印 2 次换行符。

（3）<文件对象>.readlines()

该方法整体返回一个列表，其中以文件中每行作为一个字符串（包括不可见字符）元素。由于一次读取指针已到达文件的末尾，再次执行 readlines()方法将返回一个空列表。例如：

```
>>> f = open('C:/data/td.txt', 'r',encoding='utf-8')
>>> f.readlines()
['\ufeff天道酬勤\n', '力耕不欺']
>>> f.readlines()
[]
>>> f.close()
```

针对不同的数据组织形式，可选用不同的方法读入数据。对于只需读入数据的应用需求，可使用快速生成列表对象的文件打开方法：

<列表> = list(open(<文件名>[,<模式>][,<编码>]))

此方法将文本文件中的内容一次性读入列表中，每行为一个字符串元素。而且，此方法不必使用文件的关闭操作。例如：

```
>>> L = list(open('C:/data/td.txt', 'r',encoding='utf-8'))
>>> L
['\ufeff天道酬勤\n', '力耕不欺']
```

2. 写入文本文件

<文件对象>.write(string)将字符串 string 的内容写到打开的<文件对象>中，并返回写入的字符个数。write()方法不会自动换行，如果需要换行，则要在字符串中加入换行符\n。例如：

```
>>> f = open('C:/data/td.txt', 'w',encoding='utf-8')
>>> f.write('绿水青山就是金山银山\n')
11
>>> f.close()
```

执行 f.write()后，返回字符数为 11，这说明\n 代表 1 个字符。但此时 td.txt 文件变为

0B，打开为空文件，这说明文件对象 f 此时仍在内存中未被写入磁盘中。执行 f.close() 后，再打开 td.txt 文件，可见文件中原有内容已被覆盖，以 w 模式写入的结果如图 5-2 所示。

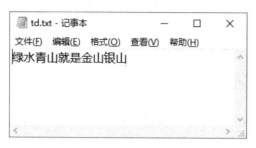

图 5-2　以 w 模式写入的结果

3. 文本文件的追加写入

例如：

```
>>> f=open('C:/data/td.txt', 'a',encoding='utf-8')
>>> f.write('苟日新, \n 日日新, \n 又日新')
13
>>> f.close()
```

执行后，将以 a 模式打开 td.txt 文件，指针会移到文件末尾，从此处开始追加写入，不覆盖原有内容，也必须关闭文件对象才能写入。以 a 模式追加写入的结果如图 5-3 所示。

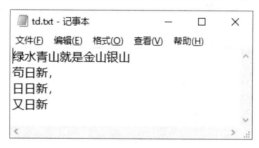

图 5-3　以 a 模式追加写入的结果

文件对象在操作完毕后必须关闭，但编程时常常会忘记这个步骤从而造成错误。可以使用上下文管理关键字 with 简化代码、避免错误。

with　open(<文件名>[,<模式>][,<编码>]) as <文件对象>:
　　　<文件对象>.方法()

例如，读取文件：

```
with open('C:/data/td.txt', 'r',encoding='utf-8') as f:
    print(f.readlines())    # 注意缩进
```

写入文件：

```
with open('C:/data/td.txt', 'a',encoding='utf-8') as f:
    f.write('苟日新,\n日日新,\n又日新')
```

5.3 基于文本文件的数据分析

5.3.1 对文本文件的读取和遍历

利用 Python 对文本文件操作的便利性，可以读取文本文件的内容，进而将其转换为相应的数据列表，再利用循环结构实现统计分析。

【例 5-2】 .csv 文件是以英文逗号分隔的 GBK 编码的文本文件。BP.csv 记录了某患者在多个时间点上测量的收缩压、舒张压、心率数据。编写程序统计最高收缩压及其出现的时间点、最低舒张压及其出现的时间点、平均心率。

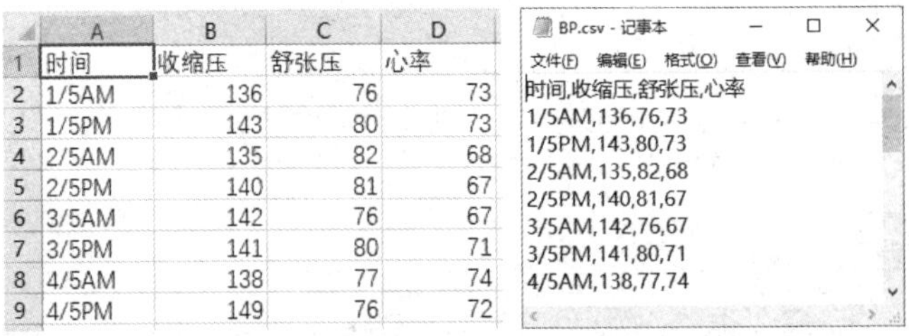

图 5-4 BP.csv 文件内容局部

编程思想：得益于 Python 的解释运行方式，可以分步骤编程，打印每步的中间结果，逐步完善程序，直到得到最终结果。

首先，打印文件中的内容：

```
L=list(open('bp.csv','r',encoding='GBK'))
print(L[:3])  # 打印前三个元素即可观察数据结构
```

运行结果：

```
['时间,收缩压,舒张压,心率\n', '1/5AM,136,76,73\n', '1/5PM,143,80,73\n']
```

下一步将字符串元素分离，转换为二维列表：

```
dataList=[]                           # 建一个空列表
for s in L[1:]:                       # 不要标题行
    dataList.append(s.split(','))     # split()方法将字符串分离成列表元素
print(dataList[:3])                   # 打印前三个元素观察数据结构
```

运行结果：

```
[['1/5AM', '136', '76', '73\n'], ['1/5PM', '143', '80', '73\n'], ['2/5AM',
'135', '82', '68\n']]
```

进一步，利用二维列表即可完成分析目标，完整代码如下：

```
L=list(open('bp.csv','r',encoding='GBK'))
dataList=[]
for s in L[1:]:
    dataList.append(s.split(','))

max_SBP=0      # 假定一个不可能的最高收缩压
min_DBP=800    # 假定一个不可能的最低舒张压
sum=0          # 心率总计初始值

for ls in dataList:
    if max_SBP<float(ls[1]):
        max_SBP=float(ls[1])
        max_SBP_time=ls[0]
    if min_DBP>float(ls[2]):
        min_DBP=float(ls[2])
        min_DBP_time=ls[0]
    sum+=float(ls[3][:-1])    # 去掉换行符并转为浮点数
avg_HR=sum/len(dataList)
print('最高收缩压为{}，出现在{}'.format(max_SBP,max_SBP_time))
print('最低舒张压为{}，出现在{}'.format(min_DBP,min_DBP_time))
print('平均心率为',int(avg_HR))
```

运行结果：

```
最高收缩压为 149.0，出现在 4/5PM
最低舒张压为 72.0，出现在 10/5AM
平均心率为 71
```

【例 5-3】　car_data.txt 文件是以英文双竖线（||）分隔的 UTF-8 编码的数据文本文件（部分内容如图 5-5 所示），其中记录了某出租车公司部分车辆某日 0:00～23:00 时段的位置，无标题行。对应列分别是时间、车牌号、北纬、东经。

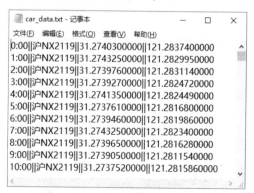

图 5-5　car_data.txt 文件部分内容

现需要协助查找该日出现在北纬 31.2222°～31.2333°，东经 121.45°～121.55°区域内的车辆，编写程序，找到并输出该日位于该区域内该出租车公司的车辆信息。

编程思想：用 open()方法打开文件，并直接转换为列表 LS。文件中的每行作为一个字符串呈现为该列表中的元素，这是一个一维列表。定义一个空列表 car，用循环结构遍历列表 LS，将每个字符串元素去掉尾部的换行符并用逗号分隔，形成列表 carone，再将 carone 添加到列表 car 中，最终得到的 car 是一个二维列表。遍历列表 car，并将符合条件的数据输出，即可实现程序功能。

在编程过程中，对数据类型和结构的把握是成功的关键。如果对过程中的结构不够明确，可以用 print()函数打印出来，这有助于清晰、直观地进行观察。代码如下：

```
min_n, min_e =31.2222, 121.45
max_n, max_e =31.2333, 121.55
LS=list(open('car_data.txt', 'r' , encoding='gbk'))
car=[]
for s in LS:
    carone=s[:-1].split(',')
    car.append(carone)
print('在该区域出现的车辆有：')
for t in range(len(car)):
    if (min_n<float(car[t][2])<max_n) \
     and (min_e<float(car[t][3])<max_e):
        print('时间：%s\t 车牌：%s\t 北纬：%s,东经：%s'
        %(car[t][0],car[t][1],car[t][2],car[t][3]))
```

运行结果：

```
在该区域出现的车辆有：
时间：0:00        车牌：沪NX4865        北纬：31.2226950000,东经：121.5053130000
时间：1:00        车牌：沪NX4865        北纬：31.2224360000,东经：121.5060090000
时间：2:00        车牌：沪NX4865        北纬：31.2224320000,东经：121.5053240000
时间：3:00        车牌：沪NX4865        北纬：31.2225020000,东经：121.5045570000
时间：5:00        车牌：沪NX4865        北纬：31.2222030000,东经：121.5056300000
```

5.3.2   词频分析

在社会科学研究中，常常需要通过文章中高频出现的词汇来把握文章的语义与思想。其具体实现也是通过读取并分析文本进行的。

【例 5-4】   统计著名黑人领袖马丁·路德金的演讲"I Have a Dream"中单词出现的频次。

编程思想：读取文本文件，用 lower()方法将所有字符转为小写形式并用 split()方法按空格分隔单词，将所有单词放在列表 speech 中。定义一个空字典 dic，用循环结构遍历列表 speech，将单词作为字典的键，统计每个单词出现的次数，作为字典的值。

由于字典是无序的，若要按词频顺序输出，还需用 sorted()方法将字典转换为以每个单词及其出现次数作为一组元素组成的元组，再以元组作为元素形成二维列表swd。在sorted()的参数中使用 list(dic.items())将字典转换为列表，reverse=True 表示按列表中的元组元素的第 2 项降序排列。代码如下：

```
f=open('i_have_a_dream.txt', 'r' , encoding='ansi')
speech_text=f.read()
f.close()
speech=speech_text.lower().split()
dic={}
for word in speech:
    if word not in dic:
        dic[word]=1
    else:
        dic[word]+=1
swd=sorted(list(dic.items()),key=lambda lst:lst[1],reverse=True)
for kword,times in swd:
    print(kword,times)
```

但是，在如图 5-6 所示的初步结果中，"the"等虚词出现的频率很高。要解决这个问题，可将这些不参加统计的词（停词，stop_word）以列表结构形成文本文件，如图 5-7 所示。在程序中读取这个文件，在输出结果时添加条件，将非停词的词频统计结果输出。

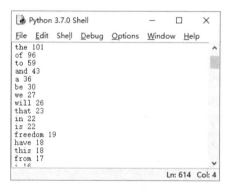

图 5-6　"I Have a Dream"词频统计初步结果

图 5-7　停词列表

完整代码如下，运行结果如图 5-8 所示。

```
f=open('i_have_a_dream.txt', 'r' , encoding='ansi')
speech_text=f.read()
f.close()
speech=speech_text.lower().split()

dic={}
for word in speech:
    if word not in dic:
        dic[word]=1
    else:
```

```
        dic[word]+=1
swd=sorted(list(dic.items()),key=lambda lst:lst[1],reverse=True)
f1=open('stop_word_list.txt', 'r' , encoding='ansi')
stop_wds=f1.read()
f1.close()
for kword,times in swd:
    if kword not in stop_wds:
        print(kword,times)
```

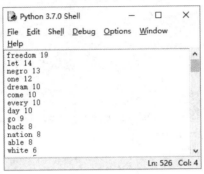

图 5-8 "I Have a Dream" 词频统计结果

可见，"freedom" "negro" "dream" 等词汇具有较高的出现频率。将不希望参加统计的词汇列入停词列表中，可进一步突出主题词的统计结果。

5.3.3 第三方库 jieba 和中文词频分析

英文词汇之间有天然的空格分隔，而中文文章中字词之间没有分隔符号，且字词长短不一，不同的组合，其语义差别很大。要进行中文词频分析，首先要解决中文词汇的分割问题。Python 的第三方库 jieba（"结巴"）是一个用于中文词汇分割的函数库，运用 jieba.lcut() 方法可高效、准确地将字符串中的中文词汇进行分割，精确返回词汇列表。

【例 5-5】 统计朱自清散文"荷塘月色"中的词汇出现频次。

编程思想：读取文本文件，用 jieba.lcut() 方法分割中文词汇，将所有中文词汇放在列表 article 中。定义一个空字典 dic，用循环结构遍历列表 article，将词汇作为字典的键，统计每个词汇出现的次数，作为字典的值。

与英文词频分析一样，由于字典是无序的，若要按词频顺序输出，还需用 sorted() 方法将字典转换为二维列表 swd。在 sorted() 的参数中使用 list(dic.items()) 将字典转换为列表，reverse=False 表示按列表中元组元素的第 2 项升序排列。

在输出结果时，同样应将那些不需要参加统计的中文虚词滤除。读取列表结构的文本文件"中文虚词列表.txt"，添加条件，输出非虚词的词频统计结果（见图 5-9）。代码如下：

```
import jieba
f=open('荷塘月色.txt', 'r' , encoding='gbk')
article_text=f.read()
```

```
f.close()
article=jieba.lcut(article_text)
dic={}
for word in article:
    if word not in dic:
        dic[word]=1
    else:
        dic[word]+=1
swd=sorted(list(dic.items()),key=lambda lst:lst[1],reverse=False)
f1=open('中文虚词列表.txt', 'r' , encoding='gbk')
stop_wds=f1.read()
f1.close()
for kword,times in swd:
    if kword not in stop_wds:
        print(kword,times)
```

图 5-9　"荷塘月色"词频统计结果

5.3.4　第三方库 wordcloud 和词语可视化

Python 的第三方库 wordcloud 是一种能将词语渲染成大小、颜色不一的可视化呈现形式"词云"的函数库。其效果是将枯燥呆板的文字以更直观的艺术效果展示出来。

创建词云时，先导入第三方库 wordcloud，将其核心类 WordCloud 实例化为词云对象。实例化对象的常用参数如下。

- background_color：词云背景色，默认为黑。
- width 和 height：宽和高（像素）。
- font_path：字体文件的路径。
- max_font_size：最大字号。
- max_words：最多容纳的词汇数，默认为 200。

由于生成词云时默认按先后顺序由最大字号依次自动寻找剩余空间进行排列，因此建议宽和高不宜过大，最大字号不宜过小，否则空间足够大时生成的词云会缺乏层次感。

词云对象有两个方法：generate()和 to_file()，其功能分别是将文本生成词云和将词云保存为图像文件。

【例 5-6】 将例 5-5 中"荷塘月色"的词频统计结果生成为词云并保存为图像文件。

编程思想：本例直接应用例 5-5 的统计结果，以空格分隔的字符串"荷塘 采莲 今晚 路 叶子 想起 一条 这是 白天 树 知道 月光"作为词云文本，词云如图 5-10 所示，并保存为 test.png 文件。有兴趣的读者可以尝试将这两例结合起来，直接以词云形式呈现结果。

```
import wordcloud
txt='荷塘 采莲 今晚 路 叶子 想起 一条 这是 白天 树 知道 月光'
w=wordcloud.WordCloud(background_color='white',
                      width=150,
                      height=120,
                      max_font_size=48,
                      font_path='C:/Windows/Fonts/simhei.ttf')

w.generate(txt)
w.to_file('C:/data/test.png')
```

图 5-10 "荷塘月色"词云

习题 5

一、选择题

1. 在 Python 中，向文件写入的方法是_____。

A）write   B）add

C）readline   D）writeline

2. 以下代码执行后，a.txt 文件的内容是_____。

```
f = open("a.txt","w")
ls = ['test','12','201910','20']
f.write(str(ls))
f.close()
```

A）'test1220191020'   B）['test','12','201910','20']

C）test,12,201910,20   D）'test','12','201910','20'

3. 以下代码执行后，a.txt 文件的内容是＿＿＿＿。

```
f = open("a.txt","w")
ls = ['test','12','201910','20']
for ss in ls:
    f.write(ss)
f.close()
```

A）报错

B）['test','12','201910','20']

C）test,12,201910,20

D）test1220191020

4. 以下代码执行后，a.txt 文件的内容是＿＿＿＿。

```
f = open("a.txt","w")
ls = ['test','12','201910','20']
f.write(ls)
f.close()
```

A）报错

B）['test','12','201910','20']

C）test,12,201910,20

D）test1220191020

二、程序设计题

1. 统计 file1.txt 文件中包含的字符个数和行数。

2. 将 file1.txt 文件中的每行按降序方式输出到 file2.txt 文件中。

3. scores.txt 文件中存放着某班学生的计算机课成绩，包含学号、平时成绩、期末成绩三列。请根据平时成绩占 40%、期末成绩占 60% 的比例计算总评成绩，并按学号、总评成绩两列写入另一个文件 scored.txt 中。同时在屏幕上输出学生总人数，按总评成绩计算 90 分以上、80～89 分、70～79 分、60～69 分、60 分以下各成绩区间的人数和班级总平均分（取两位小数）。

4. 从网上获取党的二十大报告，并利用第三方库 jieba 进行分词，统计词频，将出现 100 次以上的词用第三方库 wordcloud 可视化为词云，如图 5-11 所示。

图 5-11　党的二十大报告高频词云

获取本章资源

第6章

函　数

本章教学目标：
● 掌握函数的声明与调用。
● 理解并掌握函数的参数传递。
● 理解变量的作用域。
● 理解匿名函数的声明和调用。
● 了解函数的递归。
● 了解生成器、装饰器和闭包等函数的高级应用。

6.1　函数的定义与调用

　　前面章节我们已经使用过一些函数，例如，最常用的输出函数 print()，以及导入 math 模块后就可以使用的函数 math.sin()等。它们作为内置函数，为 Python 的操作、运算提供了丰富的功能。

　　程序设计中，常需要将一些经常重复使用的代码定义为函数，方便重复调用执行，以提高程序的模块化程度和代码的重复利用率，这就是自定义函数。

　　函数由函数名、形式参数列表和函数体组成。自定义函数用关键字 def 声明，函数的命名原则与变量相同。函数体使用缩进表示与函数的隶属关系。与其他高级语言不同，Python 定义函数时既不需要声明其返回类型，也不需要声明参数的传入类型。函数定义格式如下：

```
def <函数名>　([形式参数列表]):
    <执行语句>
    [return <返回值>]
```
} 函数体

　　例如：

```
def myfunc(x,y):
    return x+y
```

　　对于较为简单的单语句自定义函数，也可写在一行中，例如：

```
def myfunc(x,y): return x+y
```

定义函数时，用来接收调用该函数时传入的参数称为**形式参数**（parameter），简称形参。形参分为必选参数和可选（默认）参数，必选参数在调用函数时必须传递。

定义函数时，可以同时给定默认参数值。调用该函数时，若有参数传递则使用传递的参数，若没有则使用默认值。前面我们熟悉的函数 print()中，end 就是一个可选参数，默认为 end='\n'，表示打印完毕换行，也可在调用时传递参数 end=''使其打印完毕后不换行。

定义函数时，必选参数必须放在可选参数前面，否则会报错。

【例 6-1】 带可选参数的函数调用示例。

```
def myfunc(x,y=2):
    return x+y
a,b=2.5,3.6
print('{:.2f}+默认值={:.2f}'.format(a,myfunc(x=a)))
print('{:.2f}+{:.2f}={:.2f}'.format(a,b,myfunc(y=b,x=a)))
```

运行结果：

```
2.50+默认值=4.50
2.50+3.60=6.10
```

函数在定义时，即使没有参数传递的需要，冒号前也必须要有空括号。

函数可以没有 return 语句、没有返回值，即返回值为 None。

在程序设计时还可能先建立一个空函数作为占位函数，其中的<执行语句>仅为占位语句 pass，待以后完善。例如：

```
def emptfunc():
    pass
```

调用自定义函数与前面我们调用 Python 内置函数的方法相同，即在语句中直接使用函数名，并在函数名之后的圆括号中传入参数，多个参数之间以半角逗号隔开。

调用函数时，实际传递给函数的参数称为**实际参数**（argument），简称实参。实参应与形参的类型一致。

即使不需要传入实参，也要带圆括号，如 print()。

6.2 参数的传递

6.2.1 关键字参数和默认参数

关键字参数用形参名作为关键字来接收传入的参数值。通过关键字参数给定函数实参时，不需要与形参的位置完全一致。

定义函数时，给定了默认参数值的关键字参数称为默认参数。默认参数既可以不传递参数直接使用默认值，也可以传入新的实参替代默认值。值得注意的是，定义函数时，默认参数必须放在所有形参的最后。

在调用函数时，在函数名后的圆括号内用"形参名=参数值"的方式传入参数，使用这种方式不必按照定义函数时形参的原有顺序。例如：

```
>>> def func(a,b,c=0,d=1):
        return a+b+c+d
>>> print(func(b=8,a=2,d=3))
13
```

6.2.2 位置参数

调用函数时，实参按照函数声明时形参的先后顺序依次传递，不必写出参数名。

【例 6-2】 使用位置参数的函数调用示例。

```
def myfunc(name,age):
    return name+str(age)+'岁'

print(myfunc('张三', 20))
```

运行结果：

```
'张三20岁'
```

6.2.3 可变参数

所谓"可变"是指参数个数可变，可以用组合数据类型传递 0 至任意个参数。

若在某个参数名前面加一个星号"*"，则表示该参数是一个元组类型的可变参数。在调用该函数时，依次将必须赋值的位置参数赋值完毕后，继续依次从调用时所提供的参数元组中接收元素值从而为可变参数赋值。

```
>>> def add(*nums):
        sum=0
        for i in nums:
            sum+=i
        return sum

>>> add(10,20,30,40)
100
>>> add()
0
```

如果在函数调用时没有提供元组类型的可变参数，则相当于提供了一个空元组，即可变参数为 0 个。

【例 6-3】 带元组类型可变参数的函数调用示例。

```
def printse_series(d,*dtup):
    print('必选参数: ',d)
    print('元组类型可变参数: ',dtup)      # 不带星号的实参整体作为元组对象
    print('参数值依次为: ',*dtup)         # 带星号的实参自动解包依次传递参数
```

```
printse_series(10)
print('---------')
printse_series(10,20,30,40)
```

运行结果：

```
必选参数： 10
元组类型可变参数： ()
参数值依次为：
---------
必选参数： 10
元组类型可变参数： (20, 30, 40)
参数值依次为： 20 30 40
```

若在某个参数名前面加两个星号"**"，则表示该参数是一个字典类型的可变参数。在调用该函数时，以关键字参数方式传递参数，即将字典的键作为关键字参数名，将字典的值作为参数值。

```
>>> def myfunc(name,age):
        return name+str(age)+'岁'

>>> dic={'name':'张三','age':20}
>>> myfunc(**dic)
'张三20岁'
```

如果在函数调用时没有提供字典类型的参数，则相当于提供了一个空字典，即可变参数为 0 个。

【例6-4】 带元组类型和字典类型可变参数的函数调用示例。

```
def printse_series2(d,*dtup,**ddic):
    print('必选参数： ',d)
    print('元组类型可变参数： ',dtup)    # 注意是否带星号的差别
    print('字典类型可变参数： ',ddic)
    for k in ddic:
        print('{}对应{}'.format(k,ddic[k]))

printse_series2(1,2,3,4,5,6,x=10,y=20,z=30)
```

运行结果：

```
必选参数： 1
元组类型可变参数： (2, 3, 4, 5, 6)
字典类型可变参数： {'x': 10, 'y': 20, 'z': 30}
x 对应 10
y 对应 20
z 对应 30
```

6.2.4 变量的作用域

变量的作用域是指在程序中能够对该变量进行读写操作的范围。根据作用域的不同，变量分为函数中定义的变量（local，简记为 L）、嵌套中父级函数的局部作用域变量（enclosing，简记为 E）、模块级别定义的全局变量（global，简记为 G）和内置模块中的变量（built-in，简记为 B）。

程序执行对变量的搜索和读写操作时，优先级由近及远，即函数中定义的变量>嵌套中父级函数的局部作用域变量>模块级别定义的全局变量>内置模块中的变量，也就是 LEGB。

Python 允许出现同名变量。若具有相同命名标识的变量出现在不同的函数体中，则各自代表不同的对象，既不相互干扰，也不能相互访问；若具有相同命名标识的变量出现在同一个函数体中或具有函数嵌套关系，则不同作用域的变量也各自代表不同的对象，程序执行时按优先级进行访问。

【例 6-5】 变量作用域测试。

```python
x = 0              # global
def outer():
    x = 1          # enclosing
    def inner():
        x = 2      # local
        print('local: x=',x)
    inner()
    print('enclosing: x=',x)
outer()
print('global: x=',x)
```

运行结果：

```
local: x= 2
enclosing: x= 1
global: x= 0
```

在默认条件下，不属于当前局部作用域的变量是只读的，如果为其进行赋值操作，则 Python 认为在当前作用域中又声明了一个新的同名局部变量。

当内部作用域中的变量需要修改全局作用域中的变量的值时，要在内部作用域中使用关键字 global 对变量进行声明。

同理，当内部作用域中的变量需要修改嵌套的父级函数的局部作用域中的变量的值时，要在内部作用域中使用关键字 nonlocal 对变量进行声明。

【例 6-6】 全局变量声明测试。

```python
sum = 0
def func():
    global sum     # 用关键字 global 声明对全局变量的改写操作
```

```
    print(sum)   # 累加前
    for i in range(5):
        sum+=1
    print(sum)   # 累加后

func()
print(sum)            # 观察函数执行后全局变量的变化
```

运行结果：

```
0
5
5
```

6.3　匿名函数

匿名函数就是没有实际名称的函数。Python 使用 lambda 语句来创建匿名函数，在 lambda 表达式中封装简单的逻辑，其主体仅是一个表达式而不需要使用代码块。

匿名函数适合处理不再需要在其他位置复用代码的函数逻辑，可以省去函数的定义过程且不用考虑函数的命名。语法格式如下：

```
<函数对象名>=lambda <形式参数列表>:<表达式>
```

例如：

```
def add(x,y):
    return x+y
```

可定义为匿名函数：

```
func=lambda x,y:x+y
```

函数对象名可以作为函数直接调用，对于上例，可以这样调用：

```
a,b=2.5, 3.6
sum=func(a,b)
```

或直接调用：

```
(lambda x,y:x+y)( 2.5, 3.6)
```

其结果都是 6.1。

利用匿名函数可使代码更加简洁，可读性更好。例如，以下语句实现列表按首字母排序：

```
>>> lst=['bcd','def','abc']
>>> sorted(lst,key=lambda L:L[0])
['abc', 'bcd', 'def']
```

匿名函数也可嵌套条件分支，实现较为复杂的逻辑。例如，以下语句返回 x 和 y 中的较大值：

```
mymax=lambda x,y: x if x>=y else y
```

mymax(2,3)的结果为 3。

6.4 高阶函数

Python 是面向对象的，对象名可以指向函数。**高阶函数**（higher-order function）就是允许将函数对象的名称作为参数传入的函数。注意，这里对象名的类型是函数，而不是字符串。

【例 6-7】 高阶函数调用示例。

```
def add(x,y):
    return x+y
def subtract(x,y):
    return x-y
def myfunc(x,y,f):      # 形参 f 的类型为函数
    return f(x,y)


a,b=5,2
method=add              # 注意，add 不加引号
print('%s: 参数 1 为%d, 参数 2 为%d, 结果为%d' %(method,a,b,
        myfunc(a,b,method)))

method=subtract
print('%s: 参数 1 为%d, 参数 2 为%d, 结果为%d' %(method,a,b,
        myfunc(a,b,method)))
```

运行结果：

```
<function add at 0x01E0C8E8>: 参数 1 为 5, 参数 2 为 2, 结果为 7
<function subtract at 0x01E0C858>: 参数 1 为 5, 参数 2 为 2, 结果为 3
```

6.4.1 map()函数

map()函数是 Python 内置的高阶函数，其表达式如下：

```
map(<函数>,<可迭代对象>)
```

其功能是不需要循环遍历，将<可迭代对象>转换生成由函数对应处理后的结果组成的新可迭代对象。

```
>>> def triple(d):
        return d*3

>>> num = [1, 2, 3, 4, 5]
>>> list(map(triple,num))
[3, 6, 9, 12, 15]
```

其中，triple 可以用匿名函数替代：

```
>>> list(map(lambda x:x*3,num))
[3, 6, 9, 12, 15]
```

又如：

```
>>> num1 = [1, 3, 5, 7, 9]
>>> num2 = [2, 4, 6, 8, 10]
>>> list(map(lambda x,y:x+y,num1,num2))
[3, 7, 11, 15, 19]
```

由此，不必循环遍历，可简便快捷地实现函数式编程。

6.4.2 filter()函数

filter()函数也是 Python 内置的高阶函数，其表达式与 map()函数类似：

```
filter(<函数>,<可迭代对象>)
```

所不同的是，第一个参数<函数>必须返回 True 或 False，其功能是不需要循环遍历，将<可迭代对象>中的对应元素根据<函数>的返回值筛选后的结果组成新的可迭代对象。

```
>>> def even_num(d):
        if d % 2 == 0:
            return True
        else:
            return False

>>> num = [1, 2, 3, 4, 5]
>>> list(filter(even_num,num))
[2, 4]
```

其中，函数 even_num()可以用匿名函数替代：

```
>>> list(filter(lambda x:x%2 == 0,num))
[2, 4]
```

6.4.3 reduce()函数

reduce()函数是 Python 内置 functools 包中的高阶函数，其表达式如下：

```
reduce(<函数>,<可迭代对象>)
```

其功能是不需要循环遍历，逐个对<可迭代对象>中的对应元素进行操作，返回最终结果。

```
>>> from functools import reduce
>>> reduce(lambda x,y: x+y, [1,2,3,4,5])
15
>>> reduce(lambda x,y: x+y, ['P', 'y', 't', 'h', 'o', 'n'])
'Python'
```

6.5 递归

递归（recursion）是一种调用函数自身的算法，其实质是把问题分解成规模缩小的同类子问题，然后分治求解。

递归属于计算思维中的分治算法，将问题分而治之，通过解决子问题得到问题的解。能够递归解决的问题，要求子问题的每个步骤具有相同的结构形式。假如要解决问题 f(n)，必先要解决 f(n-1)；而要解决 f(n-1)，又必先要解决 f(n-2) ……直到最先要解决的 f(1)。递归的思路就是子问题解决了，再反复执行等价方法解决问题。

能够设计成递归算法的问题必须满足两个条件：① 能找到反复调用自身缩小问题规模的等价方法；② 能找到结束反复执行的边界条件（递归出口）。设计递归函数的关键在于找到边界条件和调用自身的等价方法。

```
def f(n):
    if 边界条件:
        返回结束执行的边界结果
    else:
        执行以 f(n-x) 表达的等价方法并返回结果
```

【例 6-8】 设 n 为大于或等于 1 的正整数，用函数递归的方法求阶乘 $n!$，本例求解 $5!$。

分析 $n!$ 可等价表示为

$$n! = \begin{cases} 1 & n=1 \\ n(n-1)! & n>1 \end{cases}$$

因此 $(n-1)!$ 可等价表示为 $(n-1)(n-2)!$。由此可以设计一个计算阶乘的函数 recursive(n)，调用自己并返回 n* recursive(n-1)。

代码如下：

```
def recursive(n):
    if n==1:
        return 1
    else:
        return n*recursive(n-1)
a=5
print('%d!=%d' %(a,recursive(a)))
```

运行结果：

```
5!=120
```

【例 6-9】 完成某运算任务需用时 w，若使用 n 个 CPU 核心并行计算，理论上需用时 w/n，但每个 CPU 核心需额外增加缓冲等待时间 b，则完成运算任务实际总用时为 $w/n+bn$。若 $w=100000$，$b=7000$，列出调用 1～9 个 CPU 核心的实际总用时，并比较得出总用时最少的 CPU 核心数（最佳 CPU 核心数）。

```
w=100000
b=7000

def calc(n):
    if n==1:
        return w+b
    else:
        return calc(n-1) -w/(n-1)+w/n+b

min_t = w+b        # 假设最少用时的初始值
for i in range(1,10):
    t=calc(i)
    print('CPU核心数: ',i,'时间: ',t)
    if t<min_t:
        min_t =t
        min_n=i    # 最佳CPU核心数
print('最佳CPU核心数为', min_n)
```

运行结果：

```
CPU核心数: 1 时间: 107000
CPU核心数: 2 时间: 64000.0
CPU核心数: 3 时间: 54333.333333333336
CPU核心数: 4 时间: 53000.0
CPU核心数: 5 时间: 55000.0
CPU核心数: 6 时间: 58666.66666666667
CPU核心数: 7 时间: 63285.71428571429
CPU核心数: 8 时间: 68500.0
CPU核心数: 9 时间: 74111.11111111111
最佳CPU核心数为 4
```

【例 6-10】　计算 Fibonacci 数列第 15 项的值。

分析　Fibonacci 数列，又称黄金分割数列，即 1, 1, 2, 3, 5, 8, 13, 21, 34, …，除前两项外，每项的值均等于前两项之和。由此可设计函数 Fibonacci(i)用递归方式表达：Fibonacci(i-1)+Fibonacci(i-2)。

代码如下：

```
def Fibonacci(i):
    if i==0:
        return 0
    elif i==1:
        return 1
    else:
        return Fibonacci(i-1)+Fibonacci(i-2)

n=15
print('Fibonacci数列的第%d项为%d' %(n,Fibonacci(n)))
```

运行结果：

Fibonacci 数列的第 15 项为 610

递归和循环方法都是重复、多次计算相同的问题。递归通常在函数内部调用这个函数本身，当边界条件不满足时，递归前进；当边界条件满足时，递归终止。而循环则通过设置初始值和终止条件，在一个范围内重复运算。通常，能够用循环解决的问题，也可以用递归解决。解决同样的问题，递归的代码更简洁清晰，可读性更好，但递归的时间和空间资源消耗较大，深度较大的递归运算甚至会造成系统崩溃。而循环的优点是运行效率高，运行时间只会因循环次数增加而增加，没有其他资源消耗。

【例 6-11】 例 3-10 用循环方法计算 π 的近似值，也可以设计成用递归方法实现。输入多项式的项数，输出 π 的近似值。公式如下：

$$\frac{\pi}{4} \approx 1 - \frac{1}{3} + \frac{1}{5} - \frac{1}{7} + \frac{1}{9} - \cdots$$

代码如下：

```python
def pi(n):
    if n<=0:
        return 0
    else:
        return 1/(2*n-1)-1/(2*n+1)+pi(n-2)

i=int(input('请输入多项式的项数：'))
if i % 2 ==0:
    i-=1    # 必须保证是奇数，想想为什么
print('计算了{}项，π 的近似值为{:.5f}'.format(i,4*pi(i)))
```

运行结果：

```
请输入多项式的项数：1000
计算了 999 项，π 的近似值为 3.14059
```

【例 6-12】 用辗转相除法（欧几里得法）求最大公约数。

用循环方法编程的思路：两个正整数 a 和 b，且 a>b，设其中 a 作为被除数，b 作为除数，求 a/b 的余数 temp。若 temp 为 0，则 b 为最大公约数；若 temp 不为 0，则把 b 赋值给 a，把 temp 赋值给 b，重新求 a/b 的余数，直至余数为 0。

代码如下：

```python
a=162
b=189
temp=100    # 可设任意非 0 整数
if b>a:
    b,a=a,b
while temp!=0:
    temp=a%b
    if temp==0:
```

```
        print('最大公约数是',b)
        break
    else:
        a,b=b,temp
```

而用递归实现以上过程则更为简洁：

```
def gcd(a,b):
    if b==0:
        return a
    else:
        return gcd(b,a%b)
a=162
b=189
print('%d 与%d 的最大公约数是%d'%(a,b,gcd(a,b)))
```

6.6　函数的高级应用

6.6.1　生成器

前面介绍过，使用列表解析语句可以创建列表，但如果这个列表中的元素很多，则会占用很多的内存资源。如果程序仅需要访问其中的几个元素，则绝大多数元素所占用的空间都被浪费了。

生成器（generator）是能够按照解析表达式逐次产生出数据集合中的数据项的函数。在 Python 中，利用生成器，可不必创建完整的数据集合，从而节省了存储空间。

生成器与普通函数的差别主要在于，生成器函数体中用关键字 yield 生成数据项，而不是用 print()函数输出数据项。生成器用循环遍历时，可以用__next__()方法获取 yield 生成的数据项（此处 next 的两侧分别为两个半角下画线）。

生成器与普通函数的执行流程不同。普通函数是顺序执行的，遇到 return 语句或最后一条语句就返回。而生成器在每次调用__next__()方法的时候才会执行，遇到 yield 语句返回，再次执行时不会从头开始，而是从上次返回的 yield 语句处继续执行。

【例 6-13】　用生成器产生连续偶数序列并输出三次测试运行结果。

```
def generator_even():
    for i in range(1,11):
        print('第%d 步' %i)
        yield i*2
g=generator_even()
print(g.__next__())      # 此处连续执行三次，结果可见，并非每次都从头开始
print(g.__next__())      # 而是从上次返回的 yield 语句处继续执行
print(g.__next__())
```

运行结果：

```
第 1 步
2
第 2 步
4
第 3 步
6
```

6.6.2　装饰器与闭包

前面介绍高阶函数时已提到，对象名可以指向函数，函数对象名能够作为参数传入高阶函数。这里进一步利用包装函数的函数——**装饰器**（decorator）——为已经存在的函数增加功能。

例如，已有函数 add(x,y)：

```
def add(x,y):
    return x+y
```

如果需要添加输出原始数据的功能，则必须重写 return 语句，并且会改变返回值的类型。对于已经编写完成的程序，改动一处可能会造成其他相关部分出错。利用装饰器，则可以在不必改动原有函数的前提下增加功能。装饰器经常被用于事务处理、日志记录、权限验证、调试测试等有需求的场景。

例如：

```
def decorator(f):
    def new_f(x,y):
        print('参数 1 为%d，参数 2 为%d' %(x,y))
        return f(x,y)
    return new_f
```

在上述装饰器 decorator()的函数定义中，又定义了一个新函数 new_f()来包装传入的函数 f，用 return f(x,y)在不改变原调用结果的前提下，增加了输出原始数据的功能。

装饰器的返回值是一个函数对象。调用装饰器时，只需要在原函数定义前用"@"引导装饰器即可。这种对原功能没有影响，却能方便程序员使用的语法称为**语法糖**（syntactic sugar）。使用语法糖能够增强程序的可读性，减少代码出错的概率。

【例 6-14】　利用装饰器为前述 add()函数添加输出原始数据的功能并进行测试。

```
def decorator(f):
    def new_f(x,y):
        print('参数 1 为%d，参数 2 为%d' %(x,y))
        return f(x,y)
    return new_f

@decorator
def add(x,y):
    return x+y

print(add(2,3))
```

运行结果：

> 参数 1 为 2，参数 2 为 3
> 5

若调用某函数时，该函数将其内部定义的函数作为返回值，则所返回的函数称为**闭包**（closure）。或者说，如果在一个内部函数里，对外部作用域中的变量（非全局变量）进行引用，这个内部函数就是闭包。装饰器也是闭包的一种形式。

闭包就是将函数的语句和执行环境打包在一起得到的对象。当执行嵌套函数时，闭包将获取内部函数所需的整个环境，嵌套函数可以使用外层函数中的变量而不需要通过参数引入。

【例 6-15】　简单的闭包示例。

```
def outer(x):
    def inner(y):
        return x+y
    return inner


f=outer(5)
print(f(20))
```

运行结果：

> 25

其中，inner(y)是嵌套在 outer(x)中的内部函数，inner 引用了外层作用域变量 x，这个内部函数 inner(y)就是一个闭包。当闭包执行完后，仍然能够保持当前的运行环境，并且可以根据外部作用域的变量得到不同的结果。

习题 6

一、选择题

1．函数调用时所提供的参数可以是_____。

A）常量　　　　　　B）变量　　　　　　　C）函数　　　　　　　D）以上都可以

2．函数 cmp("hello","HELLO")的运算结果是_____。

A）0　　　　　　　　B）32　　　　　　　　C）1　　　　　　　　D）−1

3．_____函数用于将数字转换成字符。

A）ord()　　　　　　B）oct()　　　　　　　C）hex()　　　　　　D）chr()

4．_____函数用于将整数转换为八进制字符串。

A）oct()　　　　　　B）chr()　　　　　　　C）ord()　　　　　　D）hex()

5．下列程序的输出结果是_____。

```
def f(a,b):
    a = 4
```

```
        return  a + b
    def main():
        a = 5
        b = 6
        print (f(a,b),a+b)
    main()
```

A）10　10　　　　B）11　11　　　　　　C）11　10　　　　　　D）10　11

6．欲将两数中较小的数返回，应定义的匿名函数为_____。

A）mymin=lambda x,y: x if x>=y else y

B）mymin=lambda x,y: x if x<y else y

C）mymin=lambda x,y: if x<y x else y

D）mymin=lambda x,y: if x<y:x else:y

二、程序填充题

1．调用函数求级数和。

func()是一个计算 x^y 的自定义函数。要求输入 2～8 之间的偶整数 n 并回车，通过调用 func()函数计算 $(n+1)^n-n^{n-1}$，并显示计算结果。当输入的数值不符合要求时，显示提示信息 "Out of the Range"，并等待重新输入。若输入 0，则退出运行。效果如图 6-1 所示。

```
Please Input an Even Number(2-8,Press '0' for Exit):
6
The Result is: 109873
Please Input an Even Number(2-8,Press '0' for Exit):
5
Out of the Range
Please Input an Even Number(2-8,Press '0' for Exit):
0
>>> |
```

图 6-1　求级数和

填空完成以下程序：

```
def func(x,y):
    s=1
    for i in range(1,y+1):
        s=    (1)
         (2)     s

def main():
    while True:
        n=int(input("Please Input an Even Number(2-8,\
                    Press '0' for Exit):\n"))
        if n==0:
            break
        if (2<=n<=8)and(    (3)    ):
            res=func(n+1,n)-    (4)
            print(str(res))
        else:
```

```
        print("Out of the Range")

if __name__ == '__main__':
main()
```

2. 发红包是一种广受欢迎的移动客户端互动方式。下面是一个简化的红包金额分配程序，基本思路：输入红包金额 total 和红包个数 num；通过调用 redEnv()函数，对剩余金额 rest 进行分配；最后一个红包金额是前面所有红包分配之后剩余的金额。最后，将分配的红包金额显示出来，如图 6-2 所示。

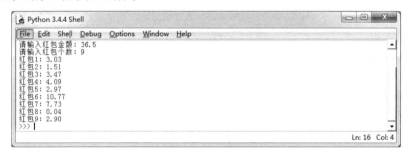

图 6-2　分配红包金额

填空完成以下程序：

```
import random
# 根据剩余金额 rest 分配第 k 个红包的金额
def redEnv(k,rest):
    m=_____(1)_____
    return m


total=float(input("请输入红包金额："))
num=int(input("请输入红包个数："))
remain=_____(2)_____
# 逐个分配红包金额
for i in range(num-1):
    money=redEnv(_____(3)_____,remain)
    remain-=money
    print("红包%d：%.2f"%(i+1,_____(4)_____))
# 分配最后一个红包金额
print("红包%d：%.2f"%(num,remain))
```

3. 输入一个字符串作为密码，密码只能由数字与字母组成。编写程序判断密码的强度，并输出，如图 6-3 所示。判断标准如下，满足其中一条，密码强度增加一级：

① 有数字；

② 有大写字母；

③ 有小写字母；

④ 位数不少于 8 位。

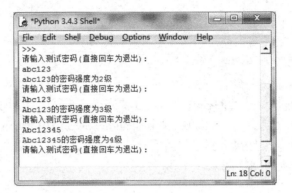

图 6-3　判断密码的强度

填空完成以下程序：

```python
def judge(passwd):
    result=0
    n=_____(1)_____
    if n>=8:
        result+=1
    for i in range(n):
        if '0'<=passwd[i]<='9':
            result+=1
            break
    for i in range(n):
        if 'A'<=passwd[i]<='Z':
            result+=1
            break
    for i in range(n):
        if 'a'<=passwd[i]<='z':
            result+=1
            break
    _____(2)_____ result

while True:
    st=input("请输入测试密码(直接回车为退出):\n")
    if st=='':
        _____(3)_____
    s=judge(_____(4)_____)
    print("%s 的密码强度为%d 级" % (st,s))
```

获取本章资源

第7章

面向对象的程序设计与Python生态

————————

本章教学目标:

● 理解面向对象的概念，理解类与实例、属性和方法。

● 了解如何创建类、子类及类实例。

● 初步理解 Python 的面向对象特征。

● 理解 Python 程序的管理结构。

● 掌握库、包和模块的导入方法。

● 熟悉 Python 的生态，掌握第三方库的获取和安装方法。

● 了解 Python 程序的编译方法。

————————

7.1　面向对象的概念

常用的程序设计方法有两种：面向过程和面向对象（Object Oriented，OO）。面向过程的方法先将问题分解成步骤，然后依次实现。而面向对象的方法则利用抽象、封装等机制，借助于对象、类、继承、消息传递等概念实现。

用面向对象的方法，目的不仅是为了实现某个特定步骤，而是为了描述某个事物在解决整个问题中的行为，可能涉及一个或多个步骤，体现代码重用的思想。

Python 在设计之初就是一门面向对象的语言，在 Python 中，一切皆对象。

在具体描述 Python 的面向对象特征之前，我们先看几个基本概念。

● 类（class）：对具有相同属性和方法的一组对象的描述或定义。

● 对象（object）：指具体的事物，是数据和操作的结合体。

● 实例（instance）：其含义与对象基本一致。创建一个新对象的过程称为实例化（instantiation），所创建的具体对象称为这个类的一个实例。

● 标识（identity）：是每个实例的唯一标识。

● 类属性（class attribute）：同一个类中所有对象的属性，不会只在某个实例上发生变化。

● 类方法（class method）：那些无须指定实例就能够工作的、从属于类的函数。

● 实例属性（instance attribute）：特定对象所具有的一组属性的集合。

● 实例方法（instance method）：对特定实例的一个或者多个属性的操作函数。

以动物为例，可以分类为爬行动物、哺乳动物和昆虫等，如图 7-1 所示。分类的标准是按照动物所共有的特性来确定的。哺乳动物是一个"类"，它们共同具有的类属性是恒温、有脊椎、胎生、通过乳腺哺育后代。它们共同具有的类的方法是：能"跑"、会"吃"食物。狗是属于哺乳动物这个类的子类。有一条名叫 Bob 的狗，这条具体的狗就是一个实例，也可以称为对象。

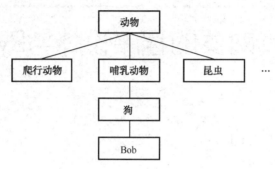

图 7-1　动物的分类与实例

在 Python 中，对象是一个指向有属性、方法的特定数据结构的指针。从面向对象的概念来讲，对象是类的一个实例。对象可以使用属于该对象的变量存储数据。属于一个对象或类的变量称为特性。特性有两种类型：属于每个实例/类的对象或者属于类本身，它们分别被称为实例变量和类变量，而所有的变量也都可以被称为对象。

对象也可以使用属于类的函数具有的功能，这样的函数称为类的方法。特性和方法可以合称为类的属性。

7.2　类与实例

7.2.1　创建类和子类

类使用关键字 class 创建，类的属性和方法被列在一个缩进块中。"动物"是如图 7-1 所示的树状图中最顶层的类，其定义如下：

```
class animals:
    pass
```

这样，我们就建立了一个名为 animals 的类，pass 是一条占位语句，表示此处暂时没有编写代码，可以在后续的编程中完善这个类。

在图 7-1 中，位于下层的类具有上层类的全部属性，例如，哺乳动物具有动物的一切属性，我们称"动物"这个类是"哺乳动物"的父类，同时，"哺乳动物"是"动物"的子类。其定义如下：

```
class mammals(animals):
    pass
```

同样，定义"狗"类：

```
class dog(mammals):
    pass
```

上面创建了两个类，名字分别为 mammals 和 dog，其后面括号中的内容表示它们的父类分别是 animals 和 mammals。子类 mammals 可以继承父类 animals 的所有属性，同样，子类 dog 也可以继承父类 mammals 的所有属性。

7.2.2　增加属于类的实例

7.2.1 节定义了两个子类 mammals 和 dog。图 7-1 中有一条具体存在的名叫 Bob 的狗，属于类 dog，是一个实例。其定义如下：

```
Bob=dog()
```

这里，用 dog()创建了类 dog 的一个实例，并把它赋值给了标识变量 Bob。

【例 7-1】　创建类 dog，并实例化对象 Bob。

```
class dog(object):
    """狗类的创建例子"""

    def __init__(self, name, kind, month_age):
        self.name = name
        self.month_age=month_age
        self.kind = kind

    def __str__(self):
        return '<狗名: %s(%s, %d 个月)>' % (self.name, self.kind,
                    self.month_age)

    def bark(self):     # 类方法必须包含参数 self
        print('汪汪')

if __name__ == '__main__':
    Bob = dog('Bob', '金毛',9)
    print(Bob)
    Bob.bark()          # 执行实例的方法不加参数 self
```

运行结果如下：

```
<狗名: Bob(金毛，9 个月)>
汪汪
```

本例中，用三重引号括起来的字符串是类的说明文档，可使用 dog.__doc__（注意，doc 两侧各为两个半角下画线）将文本"狗类的创建例子"显示出来。

实例化对象 Bob 时，会自动调用__init__这个特殊的方法来初始化类 dog 的属性。self 代表的是当前类的实例本身，它是定义__init__方法时必须写的第一个参数，在调用时会自动传入，而在执行实例的方法 Bob.bark()时则不必再作为参数。

__str__方法是一个和__init__方法类似的特殊方法，返回一个对象的字符串表现形式。这种以"__"双下画线开头的标识符通常用于定义模块内的私有成员，外部无法直接调用。类似的类的专有方法还有：__del__（析构，释放对象时用）、__repr__（返回表示对象的可输出字符串）、__setitem__（根据索引赋值）、__getitem__（根据索引取值）等。

用 Python 的内置函数 dir()和 help()可显示类、实例中的所有参数等基本构造，为第三方调用和自学提供了便利。例如：

```
>>> dir(Bob)
['__class__', '__delattr__', '__dict__', '__dir__', '__doc__',
'__eq__', '__format__', '__ge__', '__getattribute__', '__gt__',
'__hash__', '__init__', '__le__', '__lt__', '__module__',
'__ne__', '__new__', '__reduce__', '__reduce_ex__', '__repr__',
'__setattr__', '__sizeof__', '__str__', '__subclasshook__',
'__weakref__', 'bark', 'kind', 'month_age', 'name']
>>> help(Bob)
Help on dog in module __main__ object:
class dog(builtins.object)
|  狗类的创建例子
|  Methods defined here:
|  __init__(self, name, kind, month_age)
|  __str__(self)
|  bark(self)
|
|  ----------------------------------------------------------------
|  Data descriptors defined here:
|  __dict__
|     dictionary for instance variables (if defined)
|  __weakref__
|     list of weak references to the object (if defined)
```

可以看到实例 Bob 中包含 kind、month_age 和 name 属性及 bark 方法。

当直接执行当前 Python 程序时，__name__ =='__main__'的值是 True，而当运行从另外一个.py 文件中通过 import 语句导入当前文件中的函数时，__name__ 的值就是所导入的这个.py 文件的名字，而不是'__main__'。Python 程序常以

```
if __name__ == '__main__':
```

作为当前程序的入口，从而避免外部模块的干扰。

7.2.3　用函数表示类的行为特征

我们为前面定义的类增加一些函数，在原来占位语句 pass 处用这些类的一些特征行为语句作为替代。

【例 7-2】　为类和子类创建行为特征——函数。

```
class animals:
    def breath(self):
        print('呼吸')
class mammals (animals):
    def move(self):
        print('奔跑')
class dog (mammals):
    def eat(self):
        print('吃')
```

接下来创建类 dog 的一个实例 Bob 并调用父类中的函数：

```
Bob=dog()
Bob.move()
Bob.eat()
```

运行结果如下：

```
奔跑
吃
```

7.3　面向对象的特征

面向对象的编程提供了一种思维方式，使得程序员在设计软件时关注的焦点不再只是程序的逻辑流程，而是更重要的程序中的对象，以及对象之间的关系。Python 程序是面向对象的程序，具有三个特性：封装、继承和多态。

7.3.1　封装

封装是指将抽象得到的数据和行为相结合，将基本类结构的细节隐藏起来，通过方法接口实现对实例变量的所有访问。

Python 允许对类中的数据和方法进行封装。下面的例子封装了类中的数据，将公司名和领导人分别封装到对象 obj1、obj2 的 self 的 companyname 和 leader 属性中：

```
class Company:
    def __init__(self, companyname, leader):
        self.companyname = companyname
        self.leader = leader
```

```
if __name__ == "__main__":
    obj1 = Company("A","Kevin")
    obj2 = Company("B","Jone")
```

在调用数据时，可以使用两种方式：通过对象直接调用或者通过 self 间接调用。

【例 7-3】 封装及封装数据调用。

```
class Company:
    def __init__(self, dept, leader):
        self.dept = dept
        self.leader = leader

    def show(self):
        print(self.dept)
        print(self.leader)

if __name__ == "__main__":
    obj1 = Company("A","Kevin")
    obj2 = Company("B","Jone")

    # 通过对象直接调用封装的数据
    print(obj1.dept)
    print(obj1.leader)

    # 通过 self 间接调用，self 即对象本身
    obj1.show()
    obj2.show()
```

7.3.2 继承

子类拥有父类的属性和方法，同时也可以定义自己特有的属性和方法。当已经存在一个类，需要另外再创建一个和已有类非常相似的类时，通常不必将同一段代码重写多次，而是使用继承。在类上添加关联，使得位于关系下层的类可以"继承"位于上层的类的属性。继承有利于代码的复用和规模化。和其他语言不同的是，Python 中的类还具有多继承的特性，即一个类可以有多个父类。

【例 7-4】 继承一个父类。

```
class Scale:
    def check(self):
        if self.count_person > 500:
            print ("%s 是个大公司." %self.name)
        else:
            print ("%s 是个小公司." %self.name)

class Company(Scale):
```

```
    def __init__(self, name, count):
        self.name = name
        self.count_person = count

if __name__ == "__main__":
    my_company = Company("ABC", 800)
    my_company.check()
```

在这个例子中，类 Company 只有类 Scale 一个父类。当调用 check()方法时，类 Company 本身没有定义该方法，代码会向上自动检测父类 Scale 中是否存在 check()方法，结果在父类中找到该方法，此为单继承，即只有一个父类。

【例 7-5】 继承多个父类。

```
class Scale:
    def check(self):
        if self.count_person > 500:
            return "%s 是个大公司." %self.name
        else:
            return "%s 是个小公司." %self.name

class Detail:
    def show(self, scale):
        print ("%s,公司有%s 名员工." %(scale, self.count_person))

class Company(Scale, Detail):
    def __init__(self, name, count):
        self.name = name
        self.count_person = count

if __name__ == "__main__":
    my_company = Company("ABC", 800)
    company_scale = my_company.check()
    my_company.show(company_scale)
```

在这个例子中，类 Company 分别继承了类 Scale 和类 Detail，可以调用父类中的 check() 和 show()方法，这种继承的方法称为多继承。

7.3.3 多态

多态，即多种状态，是指同一个方法在父类及其不同子类所创建的对象中，可以具有不同的表现和行为。很多内置运算符及函数、方法都能体现多态的性质，在事先不知道对象类型的情况下，可以自动根据对象的不同类型执行相应的操作。例如，"+"运算符在连接数值类型变量时表示加法操作，在连接字符串类型变量时则表示拼接。

【例 7-6】 函数的多态性示例。

```
def length(x):
    print(repr(x),"的长度为",len(x))

>>> length('aaa')
'aaa'的长度为 3
>>> length([1,2,3,4,5])
[1, 2, 3, 4, 5]的长度为 5
```

其中，函数 repr()返回一个对象的可输出字符串，无须事先知道对象是什么类型的。该函数表现了 Python 的多态性。

7.4 Python 程序的组织和管理

7.4.1 程序和模块结构

一个 Python 程序可能由一个或多个模块组成。模块是程序的功能单元。Python 模块的典型结构与布局如图 7-2 所示，假设该模块的名字为 Universe，保存为文件 universe.py。

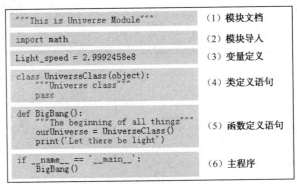

图 7-2 Python 模块的典型结构与布局

（1）模块文档

模块文档使用三引号注释的形式，简要介绍模块的功能及重要全局变量的含义。在本例中，用户可以用 Universe.__doc__ 来访问这些内容，可获知该模块的功能信息。

（2）模块导入

导入需要调用的其他模块。模块只能被导入一次，被导入模块中的函数代码并不会被自动执行，只能被当前模块主动（显式）调用。在本例中，导入了 Python 的内置模块。导入模块后，后续代码就可以使用（调用）这个模块中已定义的各种功能函数了。

（3）变量定义

在这里定义的变量，本模块中的所有函数都可直接使用。

（4）类定义语句

所有类都需要在这里定义。当模块被导入时，class 语句会被执行，类就会被定义。在本例中，类的属性是 UniverseClass.__doc__。

（5）函数定义语句

此处定义的函数可以通过 Universe.BigBang()在外部被访问到。当本模块被其他模块导入时，def 语句会被执行，其他模块可调用 BigBang()这个函数。在本例中，该函数的属性是 BigBang.__doc__。

（6）主程序

无论这个模块是被别的模块导入的，还是作为脚本直接执行，都会执行这部分代码。通常，这里不会有太多功能性代码，而是根据执行的模式调用不同的函数。

模块的名称作为一个全局变量__name__的取值可以被其他模块获取或导入。本例中，出现在模块最后的代码是常见的“定式”：检查变量__name__的值然后再执行相应的调用。分为两种情形：

- 在 Python 的 IDLE 中打开模块文件 Universe.py，按功能键 F5 可以运行该模块。这时变量__name__的值为'__main__'，将调用 BigBang()函数，以实现“自动运行”。
- 如果该模块是被其他模块导入的，或者是在 IDLE 命令提示符“>>>”后面被导入的，这时变量__name__的值为'Universe'，if 条件不成立，因此不做任何事情（不会自动调用 BigBang()函数）。BigBang()函数只可在后续代码中被显式调用。

7.4.2　包和库

Python 虽然简单易用，但要完成强大的功能还是需要大量的代码。Python 程序以模块化方式组织和管理。函数或类定义在以.py 为后缀的文件里，在需要的时候引用。

Python 程序可由包（package）、模块（module）、类（class）和函数（function）组成。其中，包是一系列模块的集合，模块是处理某类问题的函数和类的集合，其关系如图 7-3 所示。

简单地说，一个模块通常就是一个.py 文件，模块是按照程序逻辑组织代码的方式，而文件是模块的物理存储形式。将程序以单独的功能模块文件保存，便于管理和重复使用。

一个包中可以包含多个模块，每个模块中可以包含多个类与函数，同时也可以有执行语句。每个包其实就是一个完成特定任务的工具箱。

包是一个具有文件目录结构，可以由子包和多个模块组成的模块集合。如果说模块对应的物理层结构是.py 文件，那么包对应的物理层结构就是文件夹。

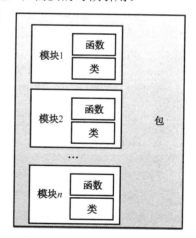

图 7-3　包、模块和函数之间的关系

作为包的文件夹中最好包含一个__init__.py 文件，__init__.py 文件的内容可以为空，以示与普通文件夹的区别（Python 3.x 版已不严格要求）。

Python 中，“库”的说法主要是从功能和生态角度而言的，可以理解为一个功能项目。

具有某些功能的模块、子包和包的集合都可以称作库。通常，"库"与"包"并没有严格意义上的概念差别，库可以看作包的发布形式。作为功能项目发布的 Python 库中的文件，并不仅仅是使用 Python 编写的.py 文件，还可能包括 C 或 C++扩展文件（已编译为共享库或 DLL 文件）等。

应用 Python 编程时，通常会使用已有的库来满足开发需求，而不是"重复发明轮子（wheel）"。在安装完 Python 开发环境之后，就同时获得了功能强大的 Python 标准库。而第三方库则是由 Python 开源社区提供的，需要安装之后才能使用。由于开源社区的管理松散，共享类库的包存在较大的异构性。

1. 包的管理

Python 中常见的包管理工具如下。

（1）distutils

distutils 是 Python 标准库的一部分，为开发者提供了一种方便的打开方式，同时也为使用者提供了方便的包安装方式。

（2）setuptools

setuptools 是对 distutils 的增强，引入了包依赖管理。setuptools 可以为 Python 包创建 egg 包。Python 与 egg 包的关系，类似于 Java 与 jar 包的关系。setuptools 提供的 easy_install 脚本可以用来安装 egg 包。

（3）easy_install

easy_install 是由 PEAK（Python Enterprise Application Kit）开发的 setuptools 包里的一个命令，所以使用 easy_install 实际上是调用 setuptools 来完成安装模块的工作。可以从 PyPI 网站下载 easy_install 安装包，并完成安装和升级。

（4）pip

pip 是目前安装和管理 Python 包的标准工具，是对 easy_install 的增强和替代。

可以从 PyPI 网站下载 pip 安装包并安装，也可以离线安装事先下载的安装包。pip 有较完善的安装跟踪机制，可极大程度地避免发生安装不完整的情况。

2. 库的安装形式

Python 第三方库常见的安装形式如下。

（1）可执行安装文件

以.exe 作为扩展名的可执行安装文件。

（2）包含 setup.py 文件的压缩包

包含 setup.py 文件的安装包通常使用.zip 或.tar.gz 作为扩展名。

（3）wheel 包

wheel 包本质上也是 ZIP 压缩格式的一种文件，使用.whl 作为扩展名。

（4）egg 包

egg 包是 setuptools 引入的一种压缩文件，内含 setup.py 安装模块，使用.egg 作为扩展名。

7.5　Python 的生态

　　Python 的迅速成长在很大程度上得益于其庞大的开源社区及拥有很多的第三方库。这个良性的计算生态免费维持了各个领域的专业级的共享代码复用，无论是可以与 MATLAB 媲美的专业数学计算，还是图像处理，无论是大数据统计、机器学习，还是生物信息学研究，都可以找到开源的第三方库，而不必"重复发明轮子"，得以"站在前人的肩上继续攀登"。

　　Python 专门提供了共享库的索引官网 PyPI（the Python Package Index），如图 7-4 所示。

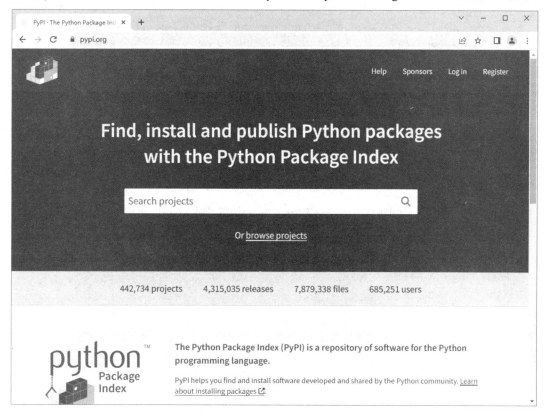

图 7-4　PyPI 官网

7.5.1　第三方库的安装

　　目前，第三方库的主流安装方法是在 CMD 命令提示符界面中使用 pip.exe 命令操作。若已下载有.whl、.tar.gz、.zip、.egg 等安装包文件，则命令形式如下：

```
<Python 安装路径>\Scripts\pip.exe install <安装包文件名>
```

或者

```
<Python 安装路径>\python.exe -m pip install <安装包文件名>
```

例如，用压缩文件 tornado-6.2.tar.gz 离线安装 Web 框架 Tornado，可直接执行命令：

```
C:\python37\Scripts\pip.exe install tornado-6.2.tar.gz
```

又如，在 Python 3.7 中安装已放在当前目录下的 ipython-8.9.0-py3-none-any.whl：

```
C:\python37\Scripts\pip.exe install ipython-8.9.0-py3-none-any.whl
```

有时虽然能够成功安装，却又给出一条提示：

```
WARNING: You are using pip version xx.x.x, however version yy.y is
available.
You should consider upgrading via the 'python -m pip install --upgrade
pip' command.
```

意为当前的 pip xx.x.x 版本较低，可执行下列命令升级为 yy.y 版本：

```
C:\python37\ python -m pip install --upgrade pip
```

若已知第三方库的名称，在连网状态下，利用 pip.exe 可直接获取安装包，以及该库中需要进一步导入的其他库安装包，并自动安装。其命令形式如下：

```
<Python 安装路径>\Scripts\pip.exe install <第三方库名称>
```

例如，在 Python 3.7 中，可以在连网状态下安装管理 MySQL 数据库的 PyMySQL 库：

```
C:\python37\Scripts\pip install pymysql
```

运行结果：

```
Collecting pymysql
  Downloading PyMySQL-1.0.3-py3-none-any.whl (43 kB)
     |████████████████████████████████| 43 kB 114
kB/s
Installing collected packages: pymysql
Successfully installed pymysql-1.0.3
```

可以在 pip install 命令中指定安装版本，例如，安装 TensorFlow 2.0.0 版本：

```
pip install tensorflow==2.0.0
```

pip install 命令可以带参数执行，-i 参数可指定安装来源，例如，可以选择国内的镜像网站以提高安装速度。安装命令如下：

```
pip install <第三方库名称> -i <镜像网站地址>
```

pip install 命令带-U 参数可为已安装的第三方库升级：

```
pip install -U tensorflow
```

除安装命令 install 外，pip.exe 还提供了如下常用命令。

- list：列出已安装的包。
- uninstall：卸载已安装的包。
- help：帮助信息。

除 pip.exe 外，其他第三方库资源的安装还有以下三种方法。

① 使用包含 setup.py 文件的安装包。将安装包解压缩后，使用 CMD 命令进入命令行提示符界面，然后进入 setup.py 文件所在目录，执行命令：

```
<Python 安装路径>\python setup.py install
```

例如，前面例子用压缩文件 tornado-6.2.tar.gz 离线安装 Web 框架 Tornado，也可先将安装包解压缩在 C:\tornado-6.2 目录下，使用 CMD 命令进入命令行提示符界面，然后进入 setup.py 文件所在的目录 C:\tornado-6.2，在"C:\tornado-6.2>"提示符下执行命令：

```
C:\tornado-6.2>C:\python37\python setup.py install
```

系统先检查并补齐安装 Tornado 需要进一步导入的其他类库安装包，然后开始安装，运行结果如下：

```
python setup.py install
running install
…
running build_py
creating build\lib.win-amd64-3.7\tornado
…
creating build\bdist.win-amd64\egg\EGG-INFO
…
Processing tornado-6.2-py3.7-win-amd64.egg
creating
c:\programdata\anaconda3\lib\site-packages\tornado-6.2-py3.7-win-amd
64.egg
Extracting tornado-6.2-py3.7-win-amd64.egg to
c:\programdata\anaconda3\lib\site-packages
…
Installed
c:\programdata\anaconda3\lib\site-packages\tornado-6.2-py3.7-win-amd
64.egg
Processing dependencies for tornado==6.2
Finished processing dependencies for tornado==6.2
```

② 在 Windows 操作系统中，使用可执行安装文件（.exe）。直接运行该文件，自动安装。

③ 使用.egg 压缩包。也可使用 CMD 命令进入命令行提示符界面，执行命令：

```
<Python 安装路径>\Scripts\easy_install.exe <.egg 文件>
```

7.5.2 库与模块的导入

无论是标准库、第三方库还是自定义库，一个库中可能包含多个包和模块，在使用之前都需要导入。

1. import 方式

使用 import 语句导入模块，语法格式如下：

```
import <模块 1>
import <模块 2>
…
import <模块 n>
```

也可以在一行内导入多个模块：

```
import <模块 1> [,<模块 2> [, …<模块 n>]]
```

只要导入了某个模块，就可以引用它的所有公共函数、类或属性。当程序执行到该条语句时，如果在搜索路径中找到了该模块，就会加载它。如果 import 语句在代码的顶层，则它的作用域为全局；如果 import 语句在某个函数中，则它的作用域仅局限于该函数。

例如，在同一层路径中的模块 test_a 和 test_b，test_a 中的代码如下：

```
def add(a,b):
    return a+b
```

在 test_b 中可导入 test_a，并调用 test_a 中的函数 test_a.add()：

```
import test_a
x,y=2,3
print(test_a.add(x,y))
```

用 import 语句导入模块，就是在当前的命名空间（NameSpace）中建立了一个指向该模块的引用，这种引用必须使用全称。也就是说，当调用被导入模块中的函数时，必须同时包含模块的名字，不能只写函数名，而应该使用"模块名.函数名"的形式。例如，导入绘图模块 turtle：

```
>>> import turtle
>>> t=turtle.Pen()
```

在上面第 2 行代码中调用 turtle 模块中的函数 Pen()时，前面需要加模块的名称，否则会报错。例如：

```
>>> import turtle
>>> t=Pen()
```

```
Traceback (most recent call last):
  File "<pyshell#2>", line 1, in <module>
    t=Pen()

NameError: name 'Pen' is not defined
```

若引入模块的名称较长，为方便使用，通常可用 as 定义一个别名。例如，导入 matplotlib 库的 pyplot 模块并为其定义别名 plt：

```
import matplotlib.pyplot as plt
```

然后就可直接用 plt.figure()创建绘图对象，而不必使用 matplotlib.pyplot.figure()。

2. from 方式

将包或模块中指定的对象导入当前程序命名空间中，语法格式如下：

```
from <模块> import <函数>
```

或

```
from <包> import <模块>
```

例如，导入 turtle 模块中的 Pen()函数：

```
>>> from turtle import Pen
>>> t=Pen()
```

代码的第 1 行导入了 turtle 模块中的 Pen()函数，第 2 行调用 Pen()函数时，就不需要在函数前面加模块名了（加了反而不能正确调用）。

如果在目录 pkg1 下的 test_a.py 代码如下：

```
def add(a,b):
    return a+b
```

在与目录 pkg1 相同路径的 test_b.py 中要导入目录 pkg1 下的 test_a.py，并调用其中的函数 test_a.add()，可以使用以下代码：

```
import pkg1.test_a          # 导入包中的模块
x,y=2,3
print(pkg1.test_a.add(x,y))  # 包.模块.函数
```

也可以使用以下代码：

```
from pkg1 import test_a      # 从包中导入模块
x,y=2,3
print(test_a.add(x,y))       # 已导入的模块.函数
```

用 import *语句可将一个模块中的所有名称（包括函数名、方法名、属性名等）一并导入当前命名空间中，例如：

```
>>> from math import *
>>> pi
3.141592653589793
```

这样，在调用该模块中的所有函数时均不需要在函数前面加模块名，但是使用此方法将多个库导入当前命名空间中时，可能会出现新导入进来的名称覆盖当前命名空间中已有的相同函数名的情况，建议慎用这种方法。

7.6　可执行文件与 pyinstaller 库

Python 程序通常以解释方式运行，即.py 程序文件并不脱离开发环境单独运行。要将 Python 程序编译成可执行文件，可通过安装 cx_freeze、nuitka、py2exe 或 pyinstaller 等第三方库来实现。

以 pyinstaller 为例，在连网状态下，执行命令：

<Python 安装路径>\scripts\pip install pyinstaller

安装成功后，在 "<Python 安装路径>\scripts\" 路径下将出现可执行文件 pyinstaller.exe。程序打包时，使用不同参数可达到不同效果，常用参数说明如下：

-D：默认参数，可以省略，生成一个 dist（有用）文件夹。

-F：可在 dist 文件夹中将所有支持运行的文件压缩并生成一个可执行文件，可在没有安装 Python 开发环境的 Windows 操作系统中单独运行。

-v：查看版本并退出。

-h：查看帮助信息。

-i xx.ico：用 xx.ico 作为程序图标。

例如，在 C:\test\路径下输入：

```
C:\test> <Python 安装路径>\scripts\pyinstaller -F test.py
```

若有 C:\test\test.py 程序文件，则在 C:\test\路径下输入：

```
C:\test> <Python 安装路径>\scripts\pyinstaller test.py
```

可在 C:\test\路径下创建 build、dist 和__pycache__三个文件夹。除 dist 文件夹外都是过程中的临时文件所在的文件夹，删除后不影响运行。另外，在 dist 文件夹中生成了可执行文件 test.exe 以及许多支持其运行的动态链接库等文件，可在没有安装 Python 开发环境的 Windows 操作系统中执行。

应注意的是，使用 pyinstaller 的程序打包方法，路径中不能存在空格、半角点、斜杠、冒号等字符。若.py 程序用 UTF-8 编码，则可以支持中文。由于创建的三个文件夹会生成在当前路径中，因此工作路径应尽可能放在程序文件所在的路径（如本例 C:\test>）下。

习题 7

1．同一类的不同实例之间不具备_____。

A）相同的操作集合 　　　　　　　　B）相同的属性集合

C）相同的对象名 　　　　　　　　　D）不同的对象名

2．下列选项中，_____不是面向对象程序设计的基本特征。

A）可维护 　　　　B）继承 　　　　C）多态 　　　　D）封装

3．下面程序最终的运行结果是_____。

```
class people:
    name = 'jack'
    age = 12
p = people()
print (p.name)
```

A）'jack' 　　　　B）jack 　　　　C）报错 　　　　D）12

4．下面说法中错误的是_____。

A）在类中可以根据需要定义一些方法，方法的定义一般采用关键字 def

B）在类中定义的方法可以没有参数

C）类是对现实世界中一些事物的封装

D）定义类的关键字是 class

5．下面说法中错误的是_____。

A）面向对象有三大属性：封装、多态和继承

B）Python 不是面向对象的

C）一般来说，面向对象是一种编程方式，此编程方式的实现基于类和对象的使用

D）类是抽象的模板，实例是根据模板创建出来的具体"对象"

6．描述对象静态特性的数据元素称为_____。

A）方法 　　　　B）类型 　　　　C）属性 　　　　D）消息

7．在 Python 中，定义类使用的关键字为_____。

A）key 　　　　B）type 　　　　C）object 　　　　D）class

8．在 Python 的类定义中，对类变量的访问形式为_____。

A）<对象>.<变量> 　　　　　　　　B）<对象>.方法(变量)

C）<类名>.<变量> 　　　　　　　　D）<类名>.方法(变量)

获取本章资源

第8章

图形化界面设计

本章教学目标：
- 理解按钮、标签、输入框、文本框、单选按钮、复选框等可视化控件的功能。
- 掌握常用 tkinter 控件的共同属性和特有属性。
- 理解控件布局的三种方法。
- 掌握几种常用控件在可视化程序设计中的设置和取值方法。
- 学会用户事件响应与自定义函数绑定。

当前流行的计算机桌面应用程序大多采用图形化用户界面（Graphical User Interface，GUI），即通过鼠标对菜单、按钮等图形化元素的操作来触发指令，并从标签、对话框等图形化显示容器中获取人机对话信息。

利用 Python 自带库或第三方库编程，有多种编写 GUI 程序的方法。例如，使用 PythonWin 提供的 win32gui 模块调用 Windows API 可编写 Windows 操作系统的窗口程序；使用 PyQT 调用 Qt 图形用户界面库，在 eric Python IDE 上可设计支持不同操作系统的 GUI 程序；使用 wxPython 也可编写具有跨平台能力的 GUI 脚本。

Python 自带的 tkinter 模块，实质上是一种流行的、面向对象的 GUI 工具包 Tk 的 Python 编程接口，提供了快速便利地创建 GUI 程序的方法。其图形化编程的基本步骤如下：
- 导入 tkinter 模块；
- 创建 GUI 根窗体；
- 添加人机交互控件并编写相应的函数；
- 在主循环中等待用户触发事件响应。

8.1 窗体控件布局

8.1.1 根窗体

根窗体是图形化应用程序的根容器，是 tkinter 模块底层控件的实例。当导入 tkinter 模块后，调用 tkinter.Tk()方法可初始化一个根窗体实例 root。调用 title()方法可设置其标题文字。调用 geometry()方法可设置窗体大小，其参数的类型是字符串类型，表示以像素为单位的宽和高以及窗体左上角的起始位置。值得注意的是，参数字符串中的乘号不是"*"，而是小写英文字母"x"。例如，'320x240'表示 320×240 像素的窗体，而'320x240+100+100'则表示窗体的左上角位于桌面左上角向右 100 像素、向下 100 像素处，窗体大小为 320×240 像素。

将程序置于主循环中，除非被用户关闭，否则始终处于运行状态。执行该程序，根窗体就会呈现出来。在这个主循环的根窗体中，可持续呈现该容器中的其他可视化控件实例，监测事件的发生并执行相应的处理程序。

【例 8-1】　根窗体的呈现示例。

```
import tkinter
root=tkinter.Tk()
root.title('我的第一个 Python 窗体')
root.geometry('320x240')                # 创建一个 320×240 像素的窗体
root.mainloop()
```

根窗体如图 8-1 所示。

图 8-1　根窗体

8.1.2　tkinter 常用控件

1. 常用控件

tkinter 模块中包含了 10 多种控件，常用的控件见表 8-1。

表 8-1　tkinter 常用控件

控　件	名　称	作　用
Button	按钮	单击触发事件
Canvas	画布	绘制图形或特殊控件
Checkbutton	复选框	多项选择
Entry	输入框	接收单行文本输入
Frame	框架	用于控件分组

续表

控　件	名　称	作　用
Label	标签	单行文本显示
Listbox	列表框	显示文本列表
Menu	菜单	创建菜单命令
Message	消息	多行标签，与 Label 控件用法类似
Radiobutton	单选按钮	从互斥的多个选项中进行单项选择
Scale	滑块	默认为垂直方向，通过鼠标拖动可改变数值，形成可视化交互
Scrollbar	滚动条	默认为垂直方向，通过鼠标拖动可改变数值，可与 Text、Listbox、Canvas 等控件配合移动可视化空间
Text	文本框	接收或输出显示多行文本
Toplevel	窗体	在顶层创建新窗体

2. 控件的共同属性

在窗体上呈现的可视化控件，通常包含尺寸、颜色、字体、相对位置、浮雕样式、图标样式和鼠标悬停光标等共同属性。不同的控件由于形状和功能的不同，又有其特有属性。

在根窗体初始化与根窗体主循环之间，可实例化窗体控件，并设置其属性。通常格式如下：

```
控件实例名＝控件(父容器,[<属性 1＝值 1>,<属性 2＝值 2>,…,<属性 n＝值 n>])
控件实例名.布局方法()
```

其中，父容器可为根窗体或其他容器控件实例。

常用控件的共同属性见表 8-2。

表 8-2　常用控件的共同属性

属　性	说　明	取　值
anchor	文本起始位置	CENTER（默认），E，S，W，N，NE，SE，SW，NW
bg	背景色	
bd	加粗（默认 2 像素）	
bitmap	黑白二值图标	见表 8-3
cursor	鼠标悬停光标	见表 8-4
font	字体	
fg	前景色	
height	高（文本框控件的单位为行，不是像素）	
image	显示图像	
justify	多行文本的对齐方式	CENTER（默认），LEFT，RIGHT，TOP，BOTTOM
padx	水平扩展像素	
pady	垂直扩展像素	

续表

属　　性	说　　明	取　　值
relief	浮雕样式	FLAT，RAISED，SUNKEN，GROOVE，RIDGE
state	控件实例状态是否可用	NORMAL（默认），DISABLED
width	宽（文本框控件的单位为行，不是像素）	

【例 8-2】　标签控件及其常用属性示例。

```
import tkinter
root=tkinter.Tk()
lb=tkinter.Label(root,text='我是一个标签',\
           bg='#d3fbfb',\
           fg='red',\
           font=('华文新魏',32),\
           width=20,\
           height=2,\
           relief=tkinter.SUNKEN)
lb.pack()
root.mainloop()
```

其中，标签实例 lb 在父容器 root 中实例化，具有代码中所示的 text（文本）、bg（背景色）、fg（前景色）、font（字体）、width（宽，标签控件默认以字符为单位）、height（高，标签控件默认以字符为单位）和 relief（浮雕样式）等一系列属性。

运行结果如图 8-2 所示。

图 8-2　标签控件的实例化

在实例化控件时，实例的属性可以"属性=属性值"的形式枚举列出，不区分先后顺序。例如，"text='我是一个标签'"显示标签控件的文本内容，"bg='#d3fbfb'"设置背景色为用十六进制字符串表示的 RGB 颜色#d3fbfb 等。属性值通常用文本形式表示。

当然，如果这个控件实例只需要一次性呈现，也可不必命名，直接实例化并通过布局呈现出来，例如：

```
tkinter.Label(root,text='我是一个标签', font='华文新魏').pack()
```

属性 relief 为控件呈现的浮雕样式，有 tkinter.FLAT（平的）、tkinter.RAISED（凸起的）、tkinter.SUNKEN（凹陷的）、tkinter.GROOVE（沟槽状边缘）和 tkinter.RIDGE（脊状边缘）5 种样式，如图 8-3 所示。例 8-2 中，relief= tkinter.SUNKEN 表示标签为凹陷样式的。

图 8-3 控件呈现的 5 种浮雕样式

属性 bitmap 可以在控件实例上显示一个简单的黑白二值图标，其属性值与显示图形见表 8-3。例如，bitmap= 'error'可在控件实例上显示 ◒ 图形。

表 8-3 bitmap 的属性值与显示图形

属 性 值	显 示 图 形	属 性 值	显 示 图 形
error		hourglass	
gray75		info	
gray50		questhead	
gray25		question	
gray12		warning	

属性 cursor 可设置当光标（鼠标指针）悬停于控件实例上时所呈现的形状，其属性值与形状见表 8-4。例如，cursor='circle'表示当光标悬停时呈现为环状。

表 8-4 cursor 的属性值与形状

属 性 值	名 称	形 状	属 性 值	名 称	形 状
arrow	箭头		plus	空心十字	
circle	环		shuttle	穿梭	
clock	座钟		sizing	缩放	
cross	十字		spider	蜘蛛	
dotbox	点方		spray can	喷淋罐	
exchange	交换		star	星	
fleur	填充		target	标靶	

续表

属 性 值	名 称	形 状	属 性 值	名 称	形 状
heart	心形	♡	tcross	瘦十字	✚
man	男人	🐜	trek	骑行	🚶
mouse	鼠标	🖱	watch	旋转的手环	◎
pirate	海盗	☠			

8.1.3 控件布局

控件的布局方法通常使用 pack()、grid()和 place()三种。

1. pack()方法

pack()是一种简单的布局方法，如果用不加参数的默认方式，则将按布局语句的先后顺序，以占用最小空间的方式自上而下地排列控件实例，并且保持控件本身的最小尺寸。

【例 8-3】 用 pack()方法不加参数排列标签控件。为看清楚各控件实例所占用的空间大小，文本使用的是不同长度的中英文，并设置了 relief= tkinter.GROOVE 的沟槽状边缘样式。效果如图 8-4 所示。

```
import tkinter
root = tkinter.Tk()
lbred = tkinter.Label(root, text="Red",
                      fg="red",relief= tkinter.GROOVE)
lbred.pack()
lbgreen = tkinter.Label(root, text="绿色",
                        fg="green",relief= tkinter.GROOVE)
lbgreen.pack()
lbblue = tkinter.Label(root, text="蓝",
                       fg="blue",relief= tkinter.GROOVE)
lbblue.pack()
root.mainloop()
```

图 8-4 用 pack()方法不加参数排列标签控件

使用 pack()方法可设置 fill、side 等参数。

其中，参数 fill 可取值有：fill=tkinter.X，fill=tkinter.Y，fill=tkinter.BOTH，分别表示允

许控件实例向水平方向、垂直方向或二维伸展，以填充父容器未被占用的空间。

参数 side 可取值有：side=tkinter.TOP（默认），side=tkinter.LEFT，side=tkinter.RIGHT，side=tkinter.BOTTOM，分别表示本控件实例的布局相对于下一个控件实例的方位。

【例 8-4】 用 pack()方法加参数排列标签控件，效果如图 8-5 所示。

```python
import tkinter
root = tkinter.Tk()
lbred = tkinter.Label(root, text="Red",
                      fg="red",relief= tkinter.GROOVE)
lbred.pack()
lbgreen = tkinter.Label(root, text="绿色",
                      fg="green",relief= tkinter.GROOVE)
lbgreen.pack(side= tkinter.RIGHT)
lbblue = tkinter.Label(root, text="蓝",
                      fg="blue",relief= tkinter.GROOVE)
lbblue.pack(fill= tkinter.X)
root.mainloop()
```

图 8-5　用 pack()方法加参数排列标签控件

2. grid()方法

grid()是基于网格的布局方法。其先虚拟一个二维表格，再在该表格中布局控件实例。由于在虚拟表格的单元格中所布局的控件实例大小不一，单元格也没有固定或均一的大小，因此其仅用于布局的定位。grid()方法与 pack()方法不能混合使用。

grid()方法常用的布局参数如下。

● column：控件实例的起始列，最左边为第 0 列。

● columnspan：控件实例所跨越的列数，默认为 1 列。

● ipadx, ipady：控件实例所呈现区域内部水平和垂直方向的像素数，用来设置控件实例的大小。

● padx, pady：控件实例所占据空间水平和垂直方向的像素数，用来设置控件实例所在单元格的大小。

● row：控件实例的起始行，最上面为第 0 行。

● rowspan：控件实例所跨越的行数，默认为 1 行。

【例 8-5】 用 grid()方法排列标签控件，效果如图 8-6 所示。设想有一个 3×4 的表格，起始行、列序号均为 0。将标签实例 lbred 置于第 0 行第 2 列中；将标签实例 lbgreen 置于第 1 行第 0 列中；将标签实例 lbblue 置于第 2 行从第 1 列起跨 2 列中，占 20 像素宽。

```
import tkinter
root = tkinter.Tk()
lbred = tkinter.Label(root, text="Red",
                    fg="red",relief= tkinter.GROOVE)
lbred.grid(column=2,row=0)
lbgreen = tkinter.Label(root, text="绿色",
                    fg="green",relief= tkinter.GROOVE)
lbgreen.grid(column=0,row=1)
lbblue = tkinter.Label(root, text="蓝",
                    fg="blue",relief= tkinter.GROOVE)
lbblue.grid(column=1,columnspan=2,ipadx=20,row=2)
root.mainloop()
```

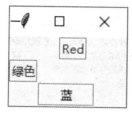

图 8-6　用 grid()方法排列标签

3. place()方法

place()方法根据控件实例在父容器中的绝对或相对位置参数进行布局。其常用的布局参数如下。

● x, y：在根窗体中，控件实例在水平和垂直方向上布局的起始位置（单位为像素）。注意，根窗体左上角为 0,0，水平向右、垂直向下为正方向。

● relx, rely：在根窗体中，控件实例在水平和垂直方向上起始布局的相对位置，即相对于根窗体宽度和高度的比例位置，取值在 0.0～1.0 之间。

● height, width：控件实例本身的高度和宽度（单位为像素）。

● relheight, relwidth：控件实例相对于根窗体的高度和宽度的比例，取值在 0.0～1.0 之间。

利用 place()方法配合 relx, rely 和 relheight, relwidth 参数所得到的界面可自适应根窗体的大小。

place()方法与 grid()方法可以混合使用。

【例 8-6】　用 place()方法排列消息（多行标签）控件，效果如图 8-7 所示。

在 320×240 像素的根窗体上，水平起始位置为相对位置（根窗体宽度 20%处），垂直起始位置为绝对位置 80 像素，高度为根窗体高度的 40%，宽度为 200 像素，创建并布局消息控件 Message 的实例 msg1，其用法与标签控件类似。

```
import tkinter
root = tkinter.Tk()
```

```
root.geometry('320x240')

msg1 = tkinter.Message(root, text='''
我的水平起始位置为相对位置（根窗体宽度 20%处），垂直起始位置为绝对位置 80 像素，我的
高度是根窗体高度的 40%，宽度为 200 像素
''', relief=tkinter.GROOVE)
msg1.place(relx=0.2,y=80,relheight=0.4,width=200)
root.mainloop()
```

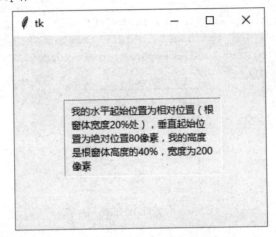

图 8-7　用 place()方法排列消息控件

8.2　tkinter 常用控件的特有属性

8.2.1　文本输入/输出相关控件

文本输入/输出相关控件有标签（Label）、消息（Message）、输入框（Entry）、文本框（Text）控件。它们除具有前述的共同属性外，还具有一些特有属性和功能。

1. 标签和消息控件

标签（Label）和消息（Message）控件除单行与多行不同外，属性与用法基本一致，用于呈现文本信息。

值得注意的是，属性 text 通常用于定义控件实例第一次呈现的固定文本。而如果需要在程序执行后使之发生变化，则可使用下列两种方法之一实现：

① 用控件实例的 configure()方法改变属性 text 的值，可使显示的文本发生变化。

② 先定义一个 tkinter 的内部类型变量 var=tkinter.StringVar()，然后用 textvariable 属性与这个变量联系起来 textvariable=var。另外，用 var.set()方法改变 var 的值也可使显示文本发生变化。

【例 8-7】　制作一个电子时钟，效果如图 8-8 所示。

图 8-8　电子时钟

Python 的内置时间模块 time 有下列常用函数。

● time.time()：返回 1970 年 1 月 1 日 00:00:00 至当前的浮点秒数。

● time.localtime()：获取当地系统当前时间。与 time.gmtime()功能类似，为 UTC 标准时间。

● time.ctime()：获取表示系统当前时间的英文字符串。

● time.strftime("%Y-%m-%d %H:%M:%S")：以格式化字符串形式返回系统时间。

● time.sleep(t)：用于将程序进程挂起等待 t 秒。

方法一：用 root 的 after()方法每隔 1 秒调用一次 time 模块以获取系统当前时间，并在标签中显示出来。利用 configure()或 config()方法实现文本变化。

```python
import tkinter
import time

def gettime():
    # 获取系统当前时间并转为字符串
    timestr = time.strftime("%H:%M:%S")
    # 重新设置标签文本
    lb.configure(text=timestr)
    # 每隔 1000 毫秒调用 gettime 并刷新 root
    root.after(1000, gettime)

root = tkinter.Tk()
root.title('时钟')

lb = tkinter.Label(root, text='', fg='blue',font=("黑体", 80))
lb.pack()
gettime()
root.mainloop()
```

方法二：利用 textvariable 属性实现文本变化。

```python
import tkinter
import time

def gettime():
    # 获取系统当前时间
```

```
        var.set(time.strftime("%H:%M:%S"))

        # 每隔 1000 毫秒调用 gettime 并刷新 root
        root.after(1000, gettime)

root = tkinter.Tk()
root.title('时钟')
var=tkinter.StringVar()

lb = tkinter.Label(root, textvariable=var, fg='blue',font=("黑体", 80))
lb.pack()
gettime()
root.mainloop()
```

方法三：利用 time.sleep()方法持续获取系统当前时间。

```
import tkinter
import time
root = tkinter.Tk()
root.title('时钟')
while True:
    timestr = time.strftime("%H:%M:%S")
    lb = tkinter.Label(root, text=timestr, fg='blue',font=("黑体", 80))
    lb.pack()
    time.sleep(1)                    # 等待 1 秒
    root.update_idletasks()          # 刷新 root，不用 mainloop()方法
    lb.pack_forget()                 # 删除原 lb 对象，也可用 lb.destroy()方法销毁对象
```

2. 文本框控件

文本框（Text）控件的常用方法见表 8-5。

表 8-5　文本框控件的常用方法

方　　法	功　　能
delete(起始位置[,终止位置])	删除指定区域文本
get(起始位置[,终止位置])	获取指定区域文本
insert(位置[,字符串]…)	将文本插入指定位置
see(位置)	在指定位置的文本是否可见，返回布尔值
index(标记)	返回标记所在的行和列
mark_names()	返回所有标记名称
mark_set(标记, 位置)	在指定位置设置标记
mark_unset(标记)	去除标记

　　注：表中位置的取值可为用小数点分隔的行、列数（并非浮点数）或 tkinter.END（尾部），例如，0.0 表示第 0 行第 0 列。

【例 8-8】　每隔 1 秒取一次系统当前日期时间，并写入文本框中，效果如图 8-9 所示。

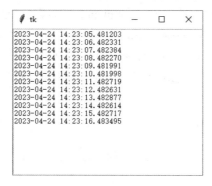

图 8-9　取系统当前日期时间并写入文本框中

本例中调用 datetime.now()方法获取系统当前日期时间，调用 insert()方法每次从文本框 txt 的尾部（tkinter.END）开始追加文本。

```
import tkinter
import datetime

def gettime():
    s=str(datetime.datetime.now()) +'\n'
    txt.insert(tkinter.END,s)
    # 每隔 1000 毫秒调用一次 gettime 并刷新 root
    root.after(1000, gettime)

root = tkinter.Tk()
root.geometry('320x240')
txt=tkinter.Text(root)
txt.pack()
gettime()
root.mainloop()
```

3. 输入框控件

输入框（Entry）控件通常作为功能较为单一的接收单行文本输入的控件，虽然也有许多对其中文本进行操作的方法，但常用的只有取值方法 get()和删除文本的方法 delete(起始位置,终止位置)。例如，清空输入框使用 delete(0,tkinter.END)。其应用示例将结合后续控件展示。

8.2.2　按钮控件

按钮（Button）控件主要为响应鼠标单击事件触发程序的执行所设，故除控件的共同属性外，响应函数名（command）属性是最为重要的属性。

通常，先将按钮要触发执行的程序以函数形式预先定义，然后可用以下两种方法调用函数。

① 直接调用函数。参数表达式为"command=函数名"，注意函数名后面不要加括号，也不能传递参数。例如，例 8-9 中的"command=run1"。

② 利用匿名函数调用函数和传递参数。参数表达式为"command＝lambda:函数名(参数列表)"。例如，例 8-9 中的"command=lambda:run2(inp1.get(),inp2.get())"。

【例 8-9】 简单加法器，效果如图 8-10 所示。

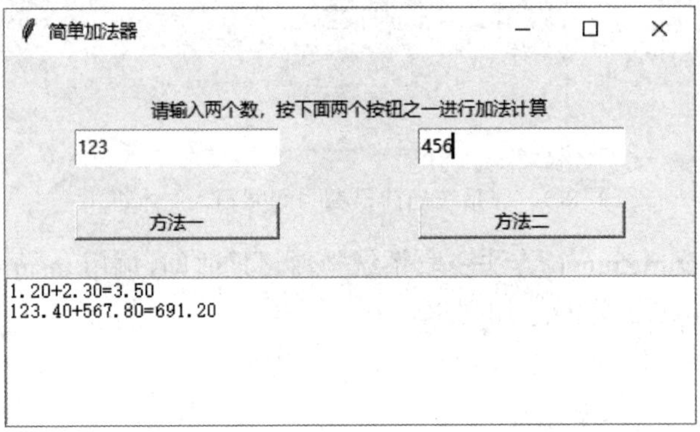

图 8-10　简单加法器

从两个输入框取得输入文本后转为浮点数进行加法计算，要求每次单击按钮产生的计算结果以文本形式追加到文本框中，并将原输入框清空。

其中，"方法一"按钮不传递参数，调用函数 run1()实现；"方法二"按钮利用 lambda 语句调用函数 run2()并同时传递参数实现。

```python
import tkinter

def run1():
    a=float(inp1.get())
    b=float(inp2.get())
    s='%0.2f+%0.2f=%0.2f\n' %(a,b,a+b)
    txt.insert(tkinter.END,s)      # 追加显示计算结果
    inp1.delete(0,tkinter.END)     # 清空输入框
    inp2.delete(0,tkinter.END)
def run2(x,y):
    a=float(x)
    b=float(y)
    s='%0.2f+%0.2f=%0.2f\n' %(a,b,a+b)
    txt.insert(tkinter.END,s)      # 追加显示计算结果
    inp1.delete(0,tkinter.END)     # 清空输入框
    inp2.delete(0,tkinter.END)

root = tkinter.Tk()
root.geometry('460x240')
root.title('简单加法器')
```

```
lb1=tkinter.Label(root,text='请输入两个数，按下面两个按钮之一进行加法计算')
lb1.place(relx=0.1,rely=0.1,relwidth=0.8,relheight=0.1)
inp1=tkinter.Entry(root)
inp1.place(relx=0.1,rely=0.2,relwidth=0.3,relheight=0.1)
inp2=tkinter.Entry(root)
inp2.place(relx=0.6,rely=0.2,relwidth=0.3,relheight=0.1)

# 方法一按钮直接调用 run1()
btn1=tkinter.Button(root,text='方法一',command=run1)
btn1.place(relx=0.1,rely=0.4,relwidth=0.3,relheight=0.1)

# 方法二按钮利用 lambda 语句调用 run2()并传递参数
btn2=tkinter.Button(root,text='方法二',\
            command=lambda:run2(inp1.get(),inp2.get()))
btn2.place(relx=0.6,rely=0.4,relwidth=0.3,relheight=0.1)

# 在垂直方向上，从窗体高度 60%处起，布局高度为窗体高度 40%的文本框
txt=tkinter.Text(root)
txt.place(rely=0.6,relheight=0.4)

root.mainloop()
```

8.2.3　单选按钮控件

单选按钮（Radiobutton）控件是为响应互相排斥的、若干单选项的鼠标单击事件以触发自定义函数的执行所设的，该控件除具有控件的共同属性外，还具有显示文本（text）、返回变量（variable）、返回值（value）和响应函数名（command）等重要的属性。

响应函数名属性的用法"command=函数名"与按钮控件相同，函数名最后也不要加括号。

返回变量 variable=var 通常应预先声明变量的类型为 var=tkinter. IntVar() 或 var=tkinter.StringVar()，这样，在所调用的函数中方可使用 var.get()方法取得被选中实例的 value 值。

【例 8-10】　利用单选按钮控件实现：单击选项后，可以将选中结果显示在标签控件上。效果如图 8-11 所示。

方法一：逐项创建单选按钮。

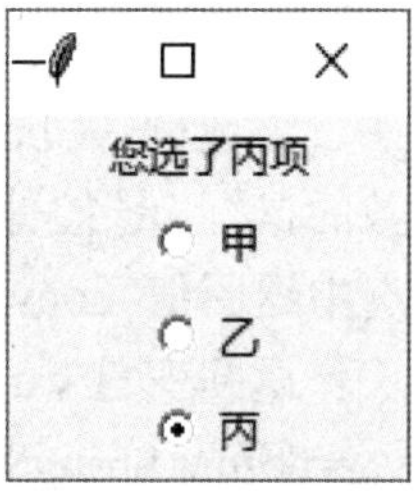

```
import tkinter
def Mysel():
    dic={0:'甲',1:'乙',2:'丙'}
    s = "您选了" + dic.get(var.get())+"项"
    lb.config(text = s)
root = tkinter.Tk()
lb = tkinter.Label(root)
```

图 8-11　单选按钮

```
        lb.pack()
        var = tkinter.IntVar()
        rd1 = tkinter.Radiobutton(root, text="甲", variable=var,
                            value=0, command=Mysel)
        rd1.pack()

        rd2 = tkinter.Radiobutton(root, text="乙", variable=var,
                            value=1, command=Mysel)
        rd2.pack()

        rd3 = tkinter.Radiobutton(root, text="丙", variable=var,
                            value=2, command=Mysel)
        rd3.pack()
        root.mainloop()
```

方法二：用循环结构可以更灵活、简便地创建单选按钮。先将所有选项放在列表中，用 for 循环遍历列表创建单选按钮对象并直接在窗体上显示。在这一过程中并不需要关心单选按钮对象的名称。若要增减项目，只需增减列表中的元素即可快捷实现。

```
        import tkinter
        ls=['甲','乙','丙']
        def Mysel():
            s = "您选了" + ls[var.get()]+"项"
            lb.config(text = s)
        root = tkinter.Tk()
        lb = tkinter.Label(root)
        lb.pack()
        var = tkinter.IntVar()
        for i in range(len(ls)):
            tkinter.Radiobutton(root, text=ls[i], variable=var,
                            value=i, command=Mysel).pack()
        root.mainloop()
```

8.2.4　复选框控件

复选框（Checkbutton）控件是可以返回多个选项值的交互控件，通常并不直接触发函数的执行。该控件除具有控件的共同属性外，还具有显示文本（text）、返回变量（variable）、选中返回值（onvalue）和未选中默认返回值（offvalue）等重要的属性。

返回变量 variable=var 通常应预先逐项声明变量的类型：var=tkinter.IntVar()（默认）或 var=tkinter.StringVar()，之后在所调用的函数中方可使用 var.get()方法取得被选中实例的 onvalue 或 offvalue 值。

通常还可利用 select()、deselect()和 toggle()方法对复选框实例进行选中、清除选中和反选操作。

【**例 8-11**】　利用复选框控件实现：单击"确定"按钮后，可以将选中结果显示在标签控件上。单击"全选""反选""重置"按钮，可起到相应的作用。

由于 Python 中没有其他语言中 switch 或 case 这样的枚举分支，当选项较多时，用 if-else分支语句实现会较为烦琐，可充分利用 Python 特有的列表、字典等数据类型使程序更加简洁高效。效果如图 8-12 所示。

方法一：利用列表和字典实现多项显示。

```python
import tkinter
def run():
    dic={0:'',1:'足球',2:'篮球',3:'游泳',4:'田径'}
    chknum=[CheckVar1.get(), CheckVar2.get(), CheckVar3.get(),
            CheckVar4.get()]
    s=''
    for i in chknum:
        s+=dic.get(i)
    if s=='':
        s="您没有选择任何爱好项目"
    else:
        s="您选择了" +s
    lb2.config(text = s)
def all():
    ch1.select()
    ch2.select()
    ch3.select()
    ch4.select()
def invert():
    ch1.toggle()
    ch2.toggle()
    ch3.toggle()
    ch4.toggle()
def cancel():
    ch1.deselect()
    ch2.deselect()
    ch3.deselect()
    ch4.deselect()
root = tkinter.Tk()
```

图 8-12　复选框控件的
　　　　　应用

```
lb1=tkinter.Label(root,text='请选择您的爱好项目：')
lb1.pack()
CheckVar1 = tkinter.IntVar()
CheckVar2 = tkinter.IntVar()
CheckVar3 = tkinter.IntVar()
CheckVar4 = tkinter.IntVar()
ch1 = tkinter.Checkbutton(root, text = "足球", variable = CheckVar1,
              onvalue = 1, offvalue = 0 )  # 为不同选项返回不同的值
ch2 = tkinter.Checkbutton(root, text = "篮球", variable = CheckVar2,
              onvalue = 2, offvalue = 0 )
ch3 = tkinter.Checkbutton(root, text = "游泳", variable = CheckVar3,
              onvalue = 3, offvalue = 0 )
ch4 = tkinter.Checkbutton(root, text = "田径", variable = CheckVar4,
              onvalue = 4, offvalue = 0 )
ch1.pack()
ch2.pack()
ch3.pack()
ch4.pack()
btninvert=tkinter.Button(root,text="反选",command=invert)
btninvert.pack(side=tkinter.RIGHT)
btnall=tkinter.Button(root,text="全选",command=all)
btnall.pack(side=tkinter.RIGHT)
btncancel=tkinter.Button(root,text="重置",command=cancel)
btncancel.pack()
btn=tkinter.Button(root,text="确定",command=run)
btn.pack()
lb2=tkinter.Label(root,text='')
lb2.pack()
root.mainloop()
```

方法二：利用循环结构动态创建复选框实例。通过获取或改变复选框实例的状态列表来显示或修改复选框状态。

```
import tkinter
ls=['足球','篮球','游泳','田径']
def run():
    s=''
    for i in range(len(ls)):
        if var[i].get():  # var[i].get()返回该项是否被选中的布尔值
```

```
            s+=ls[i]
        if s=='':
            s="您没有选择任何爱好项目"
        else:
            s="您选择了" +s
        lb2.config(text = s)


def all():          # 全选
    for k in var:
        k.set(True)     # 修改复选框状态


def invert():       # 反选
    for k in var:
        k.set(not k.get())


def cancel():       # 重置
    for k in var:
        k.set(False)


root = tkinter.Tk()
lb1=tkinter.Label(root,text='请选择您的爱好项目：')
lb1.pack()
var=[]
for i in range(len(ls)):
    var.append(tkinter.IntVar())
    ch=tkinter.Checkbutton(root, text = ls[i], variable = var[-1])
    ch.pack()


btninvert=tkinter.Button(root,text="反选",command=invert)
btninvert.pack(side=tkinter.RIGHT)
btnall=tkinter.Button(root,text="全选",command=all)
btnall.pack(side=tkinter.RIGHT)
btncancel=tkinter.Button(root,text="重置",command=cancel)
btncancel.pack()
btn=tkinter.Button(root,text="确定",command=run)
btn.pack()
lb2=tkinter.Label(root,text='')
lb2.pack()
root.mainloop()
```

8.2.5 列表框与组合框控件

1. 列表框控件

列表框（Listbox）控件可供用户单选或多选所列项目以实现人机交互。列表框控件的主要方法见表 8-6。

表 8-6 列表框控件的主要方法

方　　法	功 能 描 述
curselection( )	返回光标选中项目编号的元组，注意并不是单个的整数
delete(起始位置, 终止位置)	删除项目，终止位置可省略，全部清空语句为 delete(0,tkinter.END)
get(起始位置, 终止位置)	返回指定范围所含项目文本的元组，终止位置可省略
insert(位置, 项目元素)	插入项目元素（若有多项，可用列表或元组赋值）。若位置为 tkinter.END，则将项目元素添加到最后
size( )	返回列表框行数

执行自定义函数时，通常使用方法"实例名.curselection()"或属性 selected 来获取选中项的位置索引。

由于列表框实质上就是将 Python 的列表数据可视化呈现，在程序实现时，也可直接对相关列表数据进行操作，然后再通过列表框展示出来，而不必拘泥于可视化控件的方法。

【例 8-12】 实现列表框的初始化、添加、插入、修改、删除和清空操作，效果如图 8-13 所示。

```python
import tkinter
def ini():        # 初始化
    lstbox1.delete(0,tkinter.END)
    list_items = ["数学", "物理", "化学", "语文", "外语"]
    for item in list_items:
        lstbox1.insert(tkinter.END, item)
def clear():      # 清空
    lstbox1.delete(0,tkinter.END)
def ins():        # 插入
    if entry.get()!='':
        if lstbox1.curselection()==():
            lstbox1.insert(lstbox1.size(),entry.get())
        else:
            lstbox1.insert(lstbox1.curselection(),entry.get())
def updt():       # 修改
    if entry.get()!='' and lstbox1.curselection()!=():
        selected=lstbox1.curselection()[0]
        lstbox1.delete(selected)
        lstbox1.insert(selected,entry.get())
```

```
def delt():        # 删除
    if lstbox1.curselection()!=():
        lstbox1.delete(lstbox1.curselection())
root = tkinter.Tk()
root.title('列表框实验')
root.geometry('320x240')
frame1 = tkinter.Frame(root,relief=tkinter.RAISED)
frame1.place(relx=0.0)

frame2 = tkinter.Frame(root,relief=tkinter.GROOVE)
frame2.place(relx=0.5)

lstbox1=tkinter.Listbox(frame1)
lstbox1.pack()

entry=tkinter.Entry(frame2)
entry.pack()
btn1=tkinter.Button(frame2,text="初始化",command=ini)
btn1.pack(fill=tkinter.X)
btn2=tkinter.Button(frame2,text="添加",command=ins)
btn2.pack(fill=tkinter.X)
btn3=tkinter.Button(frame2,text="插入",command=ins)
# 添加和插入功能实质上是一样的
btn3.pack(fill=tkinter.X)
btn4=tkinter.Button(frame2,text="修改",command=updt)
btn4.pack(fill=tkinter.X)
btn5=tkinter.Button(frame2,text="删除",command=delt)
btn5.pack(fill=tkinter.X)
btn6=tkinter.Button(frame2,text="清空",command=clear)
btn6.pack(fill=tkinter.X)
root.mainloop()
```

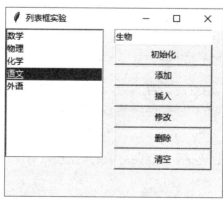

图 8-13　列表框控件的应用（1）

若不使用按钮，也可对列表框实例绑定鼠标事件，触发自定义函数的执行，自定义函数应以 event 作为参数以获取鼠标的选中项目索引。详细内容将在 8.3 节中介绍。通常，绑定的鼠标事件是鼠标左键的释放（不是单击，而是在释放时才选中列表框选项）。例如：

```
lstbox1.bind('<ButtonRelease-1>', myfunc)
```

【例 8-13】 单击显示课程或学分的列表框均可实现联动选课，并将所选课程和学分追加呈现在右侧文本框中。效果如图 8-14 所示。

```
import tkinter
def ini():
    list_items = ["数学", "物理", "化学", "语文", "外语"]
    for item in list_items:
        lstbox1.insert(tkinter.END, item)
    list_credits = [2.0, 2.5, 1.0, 1.5,2.0]
    for item in list_credits:
        lstbox2.insert(tkinter.END, item)
def slecurse1(event):
    s='已选' +lstbox1.get(lstbox1.curselection()) + \
        str(lstbox2.get(lstbox1.curselection()))+'学分\n'
    txt.insert(tkinter.END,s)
def slecurse2(event):
    s='已选' +lstbox1.get(lstbox2.curselection()) + \
        str(lstbox2.get(lstbox2.curselection()))+'学分\n'
    txt.insert(tkinter.END,s)
root = tkinter.Tk()
root.title('单击课程或学分均可选课')
root.geometry('320x240')
frame1 = tkinter.Frame(root,relief=tkinter.RAISED)
frame1.place(relx=0.0)
frame2 = tkinter.Frame(root,relief=tkinter.GROOVE)
frame2.place(relx=0.3)
frame3 = tkinter.Frame(root,relief=tkinter.RAISED)
frame3.place(relx=0.6)
lstbox1=tkinter.Listbox(frame1)
lstbox1.bind('<ButtonRelease-1>',slecurse1)
lstbox1.pack()
lstbox2=tkinter.Listbox(frame2)
lstbox2.bind('<ButtonRelease-1>',slecurse2)
lstbox2.pack()

txt=tkinter.Text(frame3,height=14,width=18)
txt.pack()
ini()
root.mainloop()
```

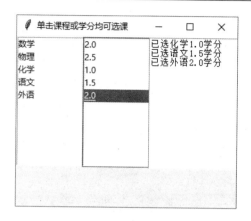

图 8-14　列表框控件的应用（2）

2. 组合框控件

组合框（Combobox）实质上是带文本框的下拉列表框，其功能也是将 Python 的列表数据可视化呈现，并供用户单选或多选所列项目以形成人机交互。在图形化界面设计时，由于其具有灵活的界面，因此往往比列表框更受喜爱。但组合框控件并不包含在 tkinter 模块中，而是与 Treeview、Progressbar、Separator 等控件一同包含在 tkinter 的子模块 ttk 中。

如果要使用该控件，应先用 import tkinter.ttk 语句导入 ttk 子模块，然后创建组合框实例：

实例名 = tkinter.ttk.Combobox（根对象，[属性列表]）

绑定变量 var=tkinter.StringVar()，并设置实例属性 textvariable=var，values=[值列表]。

组合框控件的常用方法有获得所选中的选项值方法 get() 和获得所选中的选项索引方法 current()。

若不使用按钮，也可对组合框实例绑定事件，触发自定义函数的执行。自定义函数应以 event 作为参数以获取所选中的项目索引。详细内容将在 8.3 节中介绍。通常，绑定的事件是组合框中某选项被选中了（注意，事件的代码是用两个小于号和两个大于号作为界定符的）。例如：

```
comb1.bind('<<ComboboxSelected>>', myfunc)
```

【例 8-14】　实现四则运算计算器，将两个操作数分别填入两个文本框后，通过选择组合框中的操作触发运算。效果如图 8-15 所示。

```
import tkinter
import tkinter.ttk
def calc(event):
    a=float(t1.get())
    b=float(t2.get())
    dic={0:a+b,1:a-b,2:a*b,3:a/b}
    c=dic[comb.current()]
    lbl.config(text=str(c))
```

```
root=tkinter.Tk()
root.title('四则运算')
root.geometry('320x240')

t1=tkinter.Entry(root)
t1.place(relx=0.1,rely=0.1,relwidth=0.2,relheight=0.1)
t2=tkinter.Entry(root)
t2.place(relx=0.5,rely=0.1,relwidth=0.2,relheight=0.1)
var=tkinter.StringVar()
comb=tkinter.ttk.Combobox(root,textvariable=var,values=['加','减','乘',
'除'])
comb.place(relx=0.1,rely=0.5,relwidth=0.2)
comb.bind('<<ComboboxSelected>>',calc)
lbl=tkinter.Label(root,text='结果')
lbl.place(relx=0.5,rely=0.7,relwidth=0.2,relheight=0.3)

root.mainloop()
```

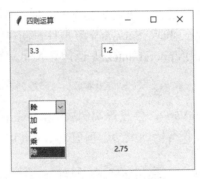

图 8-15　组合框控件的应用

　　通常，大型软件设计分为业务逻辑设计和用户界面设计两个部分，它们分属于不同团队。本例也可用如下代码，运用面向对象程序设计的思想（参见第 7 章），实现业务逻辑与界面设计的相互独立。本例中，类 Ui 负责程序界面的布局，而类 App 作为类 Ui 的子类，处理业务逻辑。

　　代码如下：

```
import tkinter
import tkinter.ttk
class Ui(tkinter.Frame):
    # 类 Ui 继承自 tkinter.Frame，为 tkinter.Frame 的子类，作用为生成界面
    def __init__(self, master=None):
        tkinter.Frame.__init__(self, master)
        self.master.title('四则运算')
        self.master.geometry('320x240')
        self.createWidgets()
```

```python
    def createWidgets(self):
        self.top = self.winfo_toplevel()
        self.text1 = tkinter.Entry(self.top)
        self.text1.place(relx=0.1, rely=0.1, relwidth=0.3,
            relheight=0.1)
        self.text2 = tkinter.Entry(self.top)
        self.text2.place(relx=0.5, rely=0.1, relwidth=0.3,
            relheight=0.1)
        self.combo1List = ['加','减','乘','除',]
        self.combo1Var = tkinter.StringVar(value='加')
        self.combo1 = tkinter.ttk.Combobox(self.top,
            textvariable=self.combo1Var,
            values=self.combo1List)
        self.combo1.place(relx=0.1, rely=0.5, relwidth=0.4)
        self.combo1.bind('<<ComboboxSelected>>',self.calc)
        self.label1 = tkinter.Label(self.top)
        self.label1.place(relx=0.5, rely=0.6, relwidth=0.4,
            relheight=0.2)
class App(Ui):
    # 类 App 继承自类 Ui，为类 Ui 的子类，处理业务逻辑
    def __init__(self, master=None):
        Ui.__init__(self, master)
    def calc(self,event):
        a=float(self.text1.get())
        b=float(self.text2.get())
        dic={0:a+b,1:a-b,2:a*b,3:a/b}
        c=dic[self.combo1.current()]
        self.label1.config(text=str(c))
if __name__ == "__main__":
    top = tkinter.Tk()
    App(top).mainloop()
```

8.2.6 滑块控件

滑块（Scale）控件是一种直观地进行数值输入的交互控件。其主要属性见表 8-7。

表 8-7 滑块控件的主要属性

属　　性	功　能　描　述
from_	起始值（最小可取值）
label	标签，默认为无
length	滑块实例的长度（水平或垂直方向），默认为 100 像素
orient	滑块实例呈现的方向，取值为 tkinter.VERTICAL 或 tkinter.HORIZONTAL（默认）
repeatdelay	鼠标响应延时，默认为 300ms

续表

属　　性	功　能　描　述
resolution	分辨精度，即最小取值间隔
sliderlength	滑块的长度，默认为 30 像素
state	滑块实例的状态，若设置 state= tkinter.DISABLED，则滑块实例不可用
tickinterval	刻度间隔，默认为 0，若设置过小，则会重叠
to	终止值（最大可取值）
variable	返回的数值类型，可为 tkinter.IntVar（整数）、tkinter.DoubleVar（双精度浮点数）或 tkinter.StringVar（字符串）

　　滑块实例的主要方法较为简单，有 get()和 set()，分别为取值和将滑块设在某特定值上。

　　滑块实例也可绑定鼠标左键释放事件<ButtonRelease-1>，并在执行函数中添加参数 event 来实现事件响应。

　　【例 8-15】　在窗体上设计一个 200 像素宽的水平滑块，取值范围为 1.0～5.0，分辨精度为 0.05，刻度间隔为 1，用鼠标拖动滑块后释放，可读取滑块值并显示在标签上。效果如图 8-16 所示。

```python
import tkinter
def show(event):
    s = '滑块的取值为' + str(var.get())
    lb.config(text = s)
root = tkinter.Tk()
root.title('滑块实验')
root.geometry('320x180')
var=tkinter.DoubleVar()
scl=tkinter.Scale(root,orient=tkinter.HORIZONTAL,length=200,
    from_=1.0,to=5.0,label='请拖动滑块',
    tickinterval=1,resolution=0.05,variable = var)
scl.bind('<ButtonRelease-1>',show)
scl.pack()
lb=tkinter.Label(root,text='')
lb.pack()
root.mainloop()
```

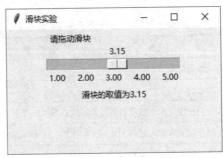

图 8-16　滑块控件的应用

8.2.7 菜单控件

菜单（Menu）控件用于可视化地为一系列命令进行分组，从而方便用户找到和触发执行这些命令。这里，Menu 实例化的是主菜单。语法格式如下：

```
菜单实例名＝tkinter.Menu(根窗体)
菜单分组 1＝tkinter.Menu(菜单实例名)
菜单实例名.add_cascade(<label=菜单分组 1 显示文本>，<menu=菜单分组 1>)
菜单分组 1.add_command(<label=命令 1 文本>，<command=命令 1 函数名>)
菜单分组 1.add_command(<label=命令 2 文本>，<command=命令 2 函数名>)
...
菜单分组 1.add_command(<label=命令 n 文本>，<command=命令 n 函数名>)
```

其中较为常见的方法有 add_cascade()、add_command()和 add_separator()，分别用于添加一个菜单分组、添加一条菜单命令和添加一条分隔线。

利用菜单控件也可以创建快捷菜单（又称为上下文菜单）。通常，给需要右击弹出的菜单实例绑定鼠标右击事件<Button-3>，并指向一个捕获参数 event 的自定义函数，在该自定义函数中执行，将鼠标的触发位置 event.x_root 和 event.y_root 以 post()方法传给菜单控件。

【例 8-16】 仿照 Windows 自带的记事本中的"文件"和"编辑"菜单，在主菜单和快捷菜单上触发菜单命令，并相应改变窗体上标签的文本内容。效果如图 8-17 所示。

主菜单实例名为 mainmenu，分为两组：① menuFile（"文件"菜单），添加"新建"、"打开"、"保存"和"退出"（"保存"与"退出"之间有一条分隔线）菜单命令；② menuEdit（"编辑"菜单），添加"剪切"、"复制"和"粘贴"菜单命令。

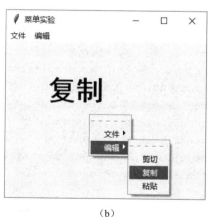

（a）　　　　　　　　　　　　　　　　（b）

图 8-17　主菜单和快捷菜单

在本例中直接给根窗体绑定了鼠标右击响应事件，则在窗体的任何位置均可右击触发，并且直接将主菜单实例 mainmenu 作为右击执行函数 popupmenu(event)所触发的菜单实例，可使快捷菜单与主菜单一致，并呈现出多级菜单的形式。**注意**，作为菜单控件的应用示例，本例并没有执行具体菜单命令，仅以标签文字作为示意。

代码如下：

```
import tkinter
def new():
    s='新建'
    lb1.config(text = s)
def ope():
    s='打开'
    lb1.config(text = s)
def sav():
    s='保存'
    lb1.config(text = s)
def cut():
    s='剪切'
    lb1.config(text = s)
def cop():
    s='复制'
    lb1.config(text = s)
def pas():
    s='粘贴'
    lb1.config(text = s)
def popupmenu(event):
    mainmenu.post(event.x_root,event.y_root)
root = tkinter.Tk()
root.title('菜单实验')
root.geometry('320x240')
lb1=tkinter.Label(root,text='显示信息',font=('黑体',32,'bold'))
lb1.place(relx=0.2,rely=0.2)
mainmenu = tkinter.Menu(root)
menuFile = tkinter.Menu(mainmenu)   # 菜单分组 menuFile
mainmenu.add_cascade(label="文件", menu=menuFile)
menuFile.add_command(label="新建", command=new)
menuFile.add_command(label="打开", command=ope)
menuFile.add_command(label="保存", command=sav)
menuFile.add_separator()     # 分隔线
menuFile.add_command(label="退出", command=root.destroy)

menuEdit = tkinter.Menu(mainmenu)   # 菜单分组 menuEdit
mainmenu.add_cascade(label="编辑", menu=menuEdit)
menuEdit.add_command(label="剪切", command=cut)
menuEdit.add_command(label="复制", command=cop)
menuEdit.add_command(label="粘贴", command=pas)

root.config(menu=mainmenu)
root.bind('<Button-3>',popupmenu)   # 根窗体绑定鼠标右击事件
```

```
root.mainloop()
```

8.2.8　窗体控件

用窗体（Toplevel）控件可新建一个显示在最前面的子窗体。语法格式如下：

窗体实例名＝tkinter.Toplevel（根窗体）

子窗体与根窗体类似，也可设置 title、geometry 等属性，并在上面布局其他控件。

【例 8-17】　在根窗体上创建菜单，触发创建一个新窗体。效果如图 8-18 所示。

```
import tkinter
def newwind():
    winNew = tkinter.Toplevel(root)
    winNew.geometry('320x240')
    winNew.title('新窗体')
    lb2 = tkinter.Label(winNew, text="我在新窗体上")
    lb2.place(relx=0.2,rely=0.2)
    btClose=tkinter.Button(winNew,text='关闭',command=winNew.destroy)
    btClose.place(relx=0.7,rely=0.5)
root = tkinter.Tk()
root.title('新建窗体实验')
root.geometry('320x240')
lb1=tkinter.Label(root,text='主窗体',font=('黑体',32,'bold'))
lb1.place(relx=0.2,rely=0.2)
mainmenu = tkinter.Menu(root)
menuFile = tkinter.Menu(mainmenu)
mainmenu.add_cascade(label="菜单", menu=menuFile)
menuFile.add_command(label="新窗体", command=newwind)
menuFile.add_separator()
menuFile.add_command(label="退出", command=root.destroy)
root.config(menu=mainmenu)
root.mainloop()
```

图 8-18　根窗体与子窗体

关闭窗体的方法通常用 destroy()，而不建议用 quit()。

用窗体控件所创建的子窗体是非模态（modeless）窗体，虽然初建时子窗体在最前面，但根窗体上的控件实例也是可以被操作的。

8.2.9 模态对话框

所谓模态（model）对话框，是相对于前面所介绍的非模态窗体而言的，所弹出的对话框必须应答，在关闭之前无法操作其后面的其他窗体。常见的模态对话框有消息对话框、输入对话框、文件选择对话框、颜色选择对话框等。

1. 交互对话框

（1）消息对话框

引用 tkinter.messagebox 包，可使用表 8-8 所列的常用消息对话框方法。执行这些方法，可弹出模态消息对话框，并根据用户的响应返回一个布尔值。语法格式如下：

消息对话框方法（<title=标题文本>, < message=消息文本>, [其他参数]）

表 8-8　常用的消息对话框方法

对话框名称	方　法　名	效　　果
确认取消对话框	askokcancel	
是否对话框	askquestion askyesno	
重试取消对话框	askretrycancel	
是否和取消对话框	askyesnocancel	

续表

对话框名称	方 法 名	效　果
错误消息框	showerror	
信息提示框	showinfo	
警告框	showwarning	

【例 8-18】　单击按钮，弹出确认取消对话框，并将用户的回答显示在标签中。效果如图 8-19 所示。

```
import tkinter
import tkinter.messagebox
root=tkinter.Tk()
def xz():
    answer=tkinter.messagebox.askokcancel('请选择','请选择确定或取消')
    if answer:
        lb.config(text='已确认')
    else:
        lb.config(text='已取消')
lb=tkinter.Label(root,text='')
lb.pack()
btn=tkinter.Button(root,text='弹出对话框',command=xz)
btn.pack()
root.mainloop()
```

图 8-19　确认取消对话框

（2）输入对话框

引用 tkinter.simpledialog 包，可弹出输入对话框，用于接收用户的简单输入。

输入对话框通常有 askstring()、askinteger()和 askfloat()三种方法，分别用于接收字符串、整数和浮点数类型的输入。

【例 8-19】 单击按钮，弹出输入对话框，接收文本输入并显示在窗体的标签上。效果如图 8-20 所示。

```
import tkinter
import tkinter.simpledialog
root=tkinter.Tk()
def xz():
    s=tkinter.simpledialog.askstring('请输入','请输入一串文字')
    lb.config(text=s)
lb=tkinter.Label(root,text='')
lb.pack()
btn=tkinter.Button(root,text='弹出输入对话框',command=xz)
btn.pack()
root.mainloop()
```

图 8-20　输入对话框

2. 文件选择对话框

引用 tkinter.filedialog 包，可弹出文件选择对话框，让用户直观地选择一个或一组文件，以供进一步的文件操作。常用的文件选择对话框方法有 askopenfilename()、askopenfilenames()和 asksaveasfilename()，分别用于打开一个文件、打开一组文件和保存文件。其中，askopenfilename()和 asksaveasfilename()方法的返回值为包含文件路径的文件名字符串，而 askopenfilenames()方法的返回值为元组。

【例 8-20】 单击按钮，弹出文件选择对话框（"打开"对话框），并将用户所选择的文件路径和文件名显示在窗体的标签上。效果如图 8-21 所示。

```
import tkinter
import tkinter.filedialog
root=tkinter.Tk()
def xz():
    filename=tkinter.filedialog.askopenfilename()
    if filename!='':
        lb.config(text='您选择的文件是'+filename)
```

```
    else:
        lb.config(text='您没有选择任何文件')
lb=tkinter.Label(root,text='')
lb.pack()
btn=tkinter.Button(root,text='弹出文件选择对话框',command=xz)
btn.pack()
root.mainloop()
```

图 8-21　文件选择对话框

3. 颜色选择对话框

引用 tkinter.colorchooser 包，可使用 askcolor()方法弹出模态颜色选择对话框，用户可以个性化地设置颜色属性。

该方法的返回形式为包含 RGB 十进制浮点数的元组和包含 RGB 十六进制字符串的元组，例如，"((135.52734375, 167.65234375, 186.7265625), '#87a7ba')"。通常，将其转换为字符串后，再截取以十六进制字符串表示的 RGB 颜色子串用于为属性赋值。

【例 8-21】　单击按钮，弹出颜色选择对话框，并将用户所选择的颜色设置为窗体上标签的背景色。运行程序，单击"弹出颜色选择对话框"按钮后，效果如图 8-22 所示。

```
import tkinter
import tkinter.colorchooser
root=tkinter.Tk()
def xz():
    color=tkinter.colorchooser.askcolor()
    colorstr=str(color)
    lb.config(text=colorstr[-9:-2],background=colorstr[-9:-2])
```

```
lb=tkinter.Label(root,text='请关注颜色的变化')
lb.pack()
btn=tkinter.Button(root,text='弹出颜色选择对话框',command=xz)
btn.pack()
root.mainloop()
```

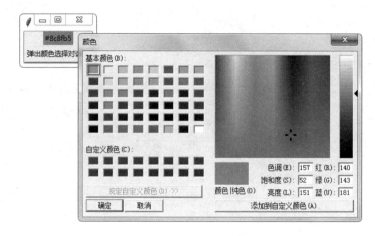

图 8-22　颜色选择对话框

8.3　事件响应

利用 tkinter 模块可将用户事件与自定义函数绑定，用键盘或鼠标的动作事件来触发自定义函数的执行。语法格式如下：

　　控件实例.bind（<事件代码>,<函数名>）

其中，事件代码通常以半角小于号"<"和半角大于号">"界定，包括事件和按键等 2～3 部分，它们之间用减号分隔。常见鼠标和键盘事件代码见表 8-9。

表 8-9　常见鼠标和键盘事件代码

事　　件	事　件　代　码	备　　注
单击鼠标左键	<ButtonPress-1>	简称鼠标单击事件，事件代码可简写为<Button-1>或<1>
单击鼠标中键	<ButtonPress-2>	事件代码可简写为<Button-2>或<2>
单击鼠标右键	<ButtonPress-3>	简称鼠标右击事件，事件代码可简写为<Button-3>或<3>
释放鼠标左键	<ButtonRelease-1>	
释放鼠标中键	<ButtonRelease-2>	
释放鼠标右键	<ButtonRelease-3>	
按住鼠标左键移动	<B1-Motion>	

续表

事　件	事　件　代　码	备　注
按住鼠标中键移动	<B2-Motion>	
按住鼠标右键移动	<B3-Motion>	
转动鼠标滚轮	<MouseWheel>	
双击鼠标左键	<Double-Button-1>	简称鼠标双击事件
鼠标进入控件实例	<Enter>	注意与回车事件的区别
鼠标离开控件实例	<Leave>	
键盘任意键	<Key>	
字母和数字	<Key-字母>，如<Key-a>、<Key-A>和<Key-1>等	事件代码简写不带小于号和大于号，如<a>、<A>和<1>等
回车	<Return>	与<Tab>、<Shift>、<Control>（注意不能用<Ctrl>）、<Alt>等类同
空格	<Space>	
方向键	<Up>、<Down>、<Left>、<Right>	
功能键	<Fn>，如<F1>等	
组合键	<Control-k>、<Shift-6>、<Alt-Up>等	键名之间以减号连接，注意大小写

例如，将框架实例 frame 绑定鼠标右击事件，调用自定义函数 myfunc()可表示为"frame.bind('<Button-3>',myfunc)"。**注意**，myfunc 后面没有()。

将控件实例绑定键盘事件和部分光标位置不落在具体控件实例上的鼠标事件时，还需要设置该实例执行 focus_set()方法以获得焦点，才能对事件持续响应。例如，frame. focus_set()。

所调用的自定义函数若需要利用鼠标或键盘事件的响应值，可将 event 作为参数，通过 event 的属性获取。event 属性见表 8-10。

表 8-10　event 属性

event 属性	意　义
x 或 y（注意是小写）	相对于事件绑定控件实例左上角的坐标值（像素）
root_x 或 root_y（注意是小写）	相对于显示屏幕左上角的坐标值（像素）
char	可显示的字符，若按键字符不可显示，则返回为空字符串
keysym	按键名称为字符或字符串，如"a"或"Escape"
keysym_num	按键的十进制 ASCII 码值

【例 8-22】　将标签实例绑定键盘上的任意键触发事件并获取焦点，并将按键字符显示在标签上。效果如图 8-23 所示。

```
import tkinter
def show(event):
    s = event.keysym
    lb.config(text = s)
```

```
root = tkinter.Tk()
root.title('按键实验')
root.geometry('200x200')
lb=tkinter.Label(root,text='请按键',font=('黑体',48))
lb.bind('<Key>',show)
lb.focus_set()
lb.pack()
root.mainloop()
```

【例 8-23】 将窗体实例绑定鼠标单击事件，并将鼠标触发点在窗体上的位置显示在标签上。效果如图 8-24 所示。

```
import tkinter
def show(event):
    s='光标位于 x=%s, y=%s' %(str(event.x),str(event.y))
    lb.config(text = s)
root = tkinter.Tk()
root.title('鼠标实验')
root.geometry('200x200')
lb=tkinter.Label(root,text='请单击窗体')
lb.pack()
root.bind('<Button-1>',show)
root.focus_set()          # 由于前一句已绑定监听整个窗体，此句也可省略
root.mainloop()
```

图 8-23 响应键盘事件

图 8-24 响应鼠标事件

习题 8

一、选择题

1. 使用 tkinter 模块设计窗体时，Text 控件的属性不包含_____。

A）bg   B）font   C）bd   D）command

2. 使用 tkinter 模块设计窗体时，Button 控件的状态不包含_____。

A）active   B）disabled   C）normal   D）enabled

3．将用 tkinter 模块创建的控件放置于窗体中的方法是_____。

A）pack　　　　　　　B）show　　　　　　　C）set　　　　　　　D）bind

4．通常，用于创建单行输入义本的容器控件是_____。

A）Entry　　　　　　　B）Label　　　　　　　C）Text　　　　　　　D）List

5．通常，要接收单一互斥的用户数据，应使用_____控件。

A）Checkbutton　　　　B）Radiobutton　　　　C）Combobox　　　D）Listbox

6．创建 Button 实例并触发执行的回调函数名，应设为实例的_____属性。

A）command　　　　　B）bind　　　　　　　C）place　　　　　　D）call

7．用 place()方法布局控件时，下列_____属性不是在 0.0～1.0 之间，以窗体宽度和高度的比例取值的。

A）x　　　　　　　　　B）relx　　　　　　　　C）relheight　　　　D）relwidth

8．下列_____事件不能表示单击鼠标左键事件。

A）<Enter>　　　　　　B）<ButtonPress-1>　　　C）<Button-1>　　D）<1>

二、程序设计题

1．加法计算程序。将操作数填入输入框后，单击"加法"按钮将算式和结果填入下方的结果文本框中。单击"清空"按钮将清空输入框和结果文本框。效果如图 8-25 所示。

2．四则运算程序。将操作数填入输入框后，单击单选按钮选择运算方式，并将算式和结果显示在下方标签上。效果如图 8-26 所示。

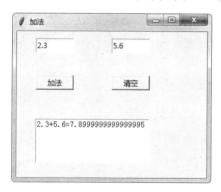

图 8-25　加法计算程序

图 8-26　四则运算程序

3．参照例 4-6 设计图形化用户界面，实现输入 18 位身份证号码，能够辨别其是否为合法号码。若为合法号码，则进一步判断性别。效果如图 8-27 所示。

4．售票程序。在窗体上放置提示标签、单选按钮组、输入框、命令按钮和多行文本框。根据所选不同景点的名称、门票价格和购票张数计算总票价。景点"东方明珠"、"野生动物园"和"科技馆"的门票价格分别为 160 元、130 元和 60 元。

在输入框中输入购票张数，单击"计算"按钮，将在多行文本框中显示景点名称、购票张数及票价。计算票价的标准：

● 若购票张数大于或等于 50 张，则票价为原价的 80%；

（a）　　　　　　　　　　　　　　（b）

图 8-27　身份证号码校验程序

● 若购票张数大于或等于 20 张，则票价为原价的 95%；
● 其他情况维持原价。

效果如图 8-28 所示。

图 8-28　售票程序

获取本章资源

第9章

图形绘制与数据可视化

本章教学目标:

● 理解 tkinter 库的 Canvas 图形绘制方法,掌握绘制规则图形的方法,以及运用微直线法绘制函数图形的方法。

● 理解 turtle 库的图形绘制方法,掌握绘制规则图形的方法,以及运用微直线法绘制函数图形的方法。

● 了解 matplotlib 库的图形绘制方法及其在数据可视化处理中的应用。

Python 程序可利用多种方法实现对图形和图像的呈现与处理。本章主要介绍利用 Python 3.x 版自带的 tkinter 库的 Canvas、turtle 库以及第三方的 matplotlib 库进行图形绘制的常用方法。

9.1 tkinter 库的 Canvas 图形绘制方法

Canvas 是 tkinter 库中的画布模块,可利用第 8 章介绍的方法将其在窗体上布局为一个具有表 9-1 中属性的画布实例,并利用表 9-2 中的方法绘制图形。

表 9-1 Canvas 画布实例的主要属性

属　　性	含　　义	属　　性	含　　义
bg	背景色	bd	边框宽度（像素）
fg	前景色	width	宽度（像素）
bitmap	背景位图	height	高度（像素）
image	底纹图像		

表 9-2 Canvas 画布实例的主要绘图方法

方　法　名	功　　能	主要参数说明
create_arc	绘弧形和扇形	主要参数除两点坐标 x1, y1, x2, y2 外,还有 start（初始角度）和 extent（角度跨度,从 start 指定的位置开始到结束位置的角度）。其他可选参数还有: fill 为填充色, outline 为轮廓线色
create_image	绘图像	参数 file 用于指向图像文件并将其呈现出来,支持 GIF（无动画）、PNG 等格式,不支持 JPG 格式

续表

方 法 名	功　　能	主要参数说明
create_line	绘直线	主要参数为两点坐标 x1, y1, x2, y2。另外，参数 arrow 为箭头样式，默认为无，使用 tkinter.FIRST 或 tkinter.LAST 分别表示箭头在头部和尾部。参数 dash 为表示虚线样式的元组类型参数，如 dash=(4, 2)表示连续 4 像素，间隔 2 像素
create_oval	绘椭圆	参数为左上角和右下角两点的坐标，定位出矩形内切椭圆
create_polygon	绘多边形	参数为各个顶点的坐标
create_rectangle	绘矩形	参数为左上角和右下角两点的坐标，定位出矩形
create_text	创建文本标签	参数为显示位置的坐标和 text（文本内容）
delete	删除指定图形	参数为指定图形对象的名称，全部删除使用 tkinter.ALL

9.1.1　Canvas 基本绘图方法

1. 创建画布和填充颜色

Canvas 画布的坐标原点在左上角，默认单位为像素，*x* 轴向右为正，*y* 轴向下为正。

【例 9-1】　在 320×240 像素的窗体上创建高 200 像素、宽 280 像素的画布，并填充红色。效果如图 9-1 所示。

```
import tkinter
root=tkinter.Tk()
root.geometry('320x240')
mycanvas=tkinter.Canvas(root,bg='red',height=200,width=280)
mycanvas.pack()
btn1=tkinter.Button(root,text='关闭',command=root.destroy)
btn1.pack()
root.mainloop()
```

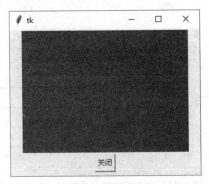

图 9-1　创建画布和填充颜色

2. 绘制图形

【例 9-2】　在 320×240 像素的窗体上创建高 200 像素、宽 300 像素的画布。单击画布，依次绘制图形：从点(90,10)到点(200,200)的矩形；从点(90,10)到点(200,200)的内切椭圆并填充绿色；从点(90,10)到点(200,200)的内切扇形并填充粉红色；连接点(20,180)、点(150,10)和点(290,180)形成蓝色框线且无填充色的三角形；从点(10,105)到点(290,105)的红色直线；以点(50,10)为起点用 RGB 颜色"#123456"显示标签文本"我的画布"。效果如图 9-2 所示。单击"清空"按钮删除所有图形。

```python
import tkinter
root=tkinter.Tk()
root.geometry('320x240')
def draw(event):
    # 画矩形
    mycanvas.create_rectangle(90,10,200,200)
    # 画椭圆，填充绿色
    mycanvas.create_oval(90,10,200,200,fill='green')
    # 画扇形，填充粉色
    mycanvas.create_arc(90,10,200,200,fill='pink')
    # 画多边形（三角形），前景色为蓝色，无填充色
    mycanvas.create_polygon(20,180,150,10,290,180,
                            outline='blue',fill='')
    # 画直线，填充红色
    mycanvas.create_line(10,105,290,105,fill='red')
    # 显示文本，颜色为 RGB 十六进制字符串'#123456'
    mycanvas.create_text(50,10,text='我的画布',fill='#123456')
def delt():
    # 删除画布上的所有图形
    mycanvas.delete(tkinter.ALL)

mycanvas=tkinter.Canvas(root,width=300,height=200)
mycanvas.pack()
mycanvas.bind('<Button-1>',draw)      # 画布绑定单击鼠标事件
btnclear=tkinter.Button(root,text='清空',command=delt)
btnclear.pack()
root.mainloop()
```

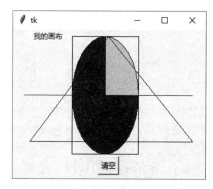

图 9-2　绘制图形

3. 呈现图像

Canvas 画布支持呈现（绘制）图像，包括 GIF（无动画）、PNG 等格式，但不支持 JPG 格式。

【例 9-3】 在 320×240 像素的窗体上创建画布，并呈现图像 C:\1.gif。效果如图 9-3 所示。

图 9-3 呈现图像

```python
import tkinter
root=tkinter.Tk()
root.geometry('320x240')
mycanvas=tkinter.Canvas(root)
mycanvas.pack()
photo=tkinter.PhotoImage(file='C:/1.gif')
mycanvas.create_image(100,100,image=photo)
root.mainloop()
```

4. 利用鼠标事件绘图

利用按住鼠标左键移动事件，不断读取鼠标当前位置，每次扩张 1 个像素绘制椭圆点，即可在画布上留下鼠标轨迹。

【例 9-4】 在 320×240 像素的窗体上创建画布，并以蓝色创建鼠标画板。效果如图 9-4 所示。

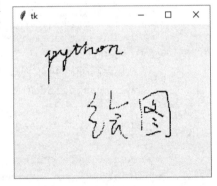

图 9-4 鼠标画板

```python
import tkinter
root = tkinter.Tk()
def move(event):
    x=event.x
    y=event.y

w.create_oval(x,y,x+1,y+1,fill='blue')

w = tkinter.Canvas(root, width=320, height=240)
w.pack()
w.bind('<B1-Motion>',move)
root.mainloop()
```

其中，按住鼠标左键移动事件<B1-Motion>绑定 move(event)。当按住鼠标左键并移动鼠标时，即触发读取鼠标当前位置操作：x=event.x，y=event.y，在点(x,y)与点$(x+1,y+1)$组成的矩形之间留下蓝色椭圆点。

【例 9-5】 读取文件 ecgdata.txt 中的心电图数据，绘制心电图。

在 500×500 像素的窗体上创建画布，读取心电图数据，转换为具有字符串类型元素的列表，去掉换行符并转换为整数，即为 y 轴数据。根据 Canvas 画布原点位置和 y 轴方向的特点，进行平移处理。用循环结构将 x 轴上的点逐点递增右移，用 create_line()方法可逐点绘制。心电图数据和绘制的心电图如图 9-5 所示。

```
import tkinter
root=tkinter.Tk()
root.title('心电图')
cv=tkinter.Canvas(root, width=500, height=500)
cv.pack()
ecg=list(open('ecgdata.txt','r'))
x=0
while x<len(ecg)-1:
    # y 轴正方向向下。去掉换行符转换为整数，再向下移动 300 像素
    y=-int(ecg[x][:-1])+300
    y1=-int(ecg[x+1][:-1])+300
    cv.create_line(x,y,x+1,y1,fill='red')
    x+=1
root.mainloop()
```

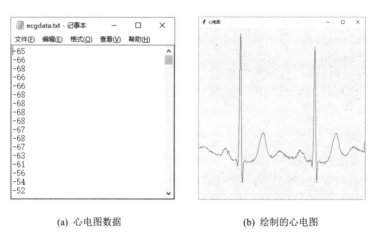

(a) 心电图数据　　　　　　　　(b) 绘制的心电图

图 9-5　心电图数据和用 Canvas 绘制的心电图

9.1.2　绘制函数图形

用 create_line()方法可在画布上绘制直线，而随着变量的变化，用该方法可以连续绘制微直线，从而得到函数图形。

【例 9-6】　在窗体上创建 320×240 像素的画布，以画布中心为原点，用红色绘制带箭头的 x 和 y 轴，用蓝色绘制正弦曲线 $y=\sin x$ 的函数图形。其中，x、y 轴的放大倍数均为 40，即 $x=40t$。t 以 0.01 的步长在-π～π 范围内变化取值。效果如图 9-6 所示。

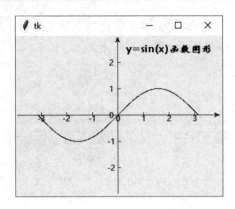

图 9-6　正弦曲线

分析　在程序中，t 取初始值-math.pi，用 while 循环分别从函数 x(t)和 y(t)中取值以绘制微直线。在函数 x(t)中处理放大倍数和 x 轴的平移，在函数 y(t)中处理放大倍数和 y 轴的平移以及 y 轴方向的倒置。

用参数 arrow=tkinter.LAST 可使用 create_line()方法画出带方向箭头的直线；用 for 循环分别在相应位置绘制长度为 5 像素的短直线作为刻度，在相应位置用 create_text()方法标出刻度值（注意 y 轴刻度值的符号）。

代码如下：

```python
import tkinter
import math
root = tkinter.Tk()
w = tkinter.Canvas(root, width=320, height=240)
w.pack()
w0=160                          # 半宽
h0=120                          # 半高
# 画红色的坐标轴线
w.create_line(0, 120, 320, 120, fill="red", arrow=tkinter.LAST)
w.create_line(160, 0,160, 240, fill="red", arrow=tkinter.FIRST)
# 标题文字
w.create_text(w0+80,20,text='y=sin(x)函数图形',
                        font=('华文新魏',12,'bold'))
# x轴刻度
for i in range(-3,4):
    j=i*40
    w.create_line(j+w0, h0, j+w0, h0-5, fill="red")
    w.create_text(j+w0,h0+5,text=str(i))
# y轴刻度
for i in range(-2,3):
    j=i*40
    w.create_line(w0, j+h0, w0+5, j+h0, fill="red")
    w.create_text(w0-10,j+h0,text=str(-i))
# 计算x
```

```
def x(t):
    x = t*40                # x 轴放大 40 倍
    x+=w0                   # 平移 x 轴
    return x
# 计算 y
def y(t):
    y = math.sin(t)*40      # y 轴放大 40 倍
    y-=h0                   # 平移 y 轴
    y = -y                  # y 轴值取反
    return y
# 连续绘制微直线
t = -math.pi
while(t<math.pi):
    w.create_line(x(t), y(t), x(t+0.01), y(t+0.01),fill="blue")
    t+=0.01
root.mainloop()
```

无论函数如何复杂，以"分而治之"的计算思维原则，分别调用函数 x(t) 和 y(t) 取值绘制微直线，即可最终获得函数图形。

【例 9-7】　设置坐标原点 (x_0, y_0) 为画布的中心（x_0 和 y_0 分别为画布宽度和高度的一半），以红色虚线绘制坐标轴，并按以下公式绘制曲线：

$$x=(w_0/32)\times(\cos t - t\sin t)$$
$$y=(h_0/32)\times(\sin t + t\cos t)$$

式中，w_0 是画布宽度的一半，h_0 是画布高度的一半。t 的取值范围为 $0 \sim 25$，步长为 0.01。

效果如图 9-7 所示。

```
import tkinter
import math
root = tkinter.Tk()
w = tkinter.Canvas(root, width=600, height=600)
w.pack()
# 画红色的坐标轴（虚线）
w.create_line(0, 300, 600, 300, fill="red", dash=(4, 4))
w.create_line(300, 0, 300, 600, fill="red", dash=(4, 4))
w0=300
h0=300
def x(t):
    x = (w0 / 32) * (math.cos(t) - t*math.sin(t))
    x+=w0   # 平移 x 轴
    return x
def y(t):
    y = (h0 / 32) * (math.sin(t) +t* math.cos(t))
    y-=h0   # 平移 y 轴
    y = -y   # y 轴值取反
```

```
    return y
t = 0.0
while(t<25):
    w.create_line(x(t), y(t), x(t+0.01), y(t+0.01),fill="blue")
    t+=0.01
root.mainloop()
```

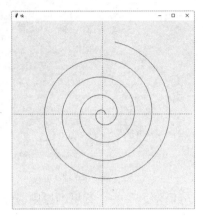

图 9-7　例 9-7 的函数图形

9.2　turtle 库的图形绘制方法

turtle 库也是 Python 内置的图形绘制库，其绘图方法更为简单，原理如同控制一只"小龟"以不同的方向和速度进行位移而得到其运动轨迹一样。常用的 turtle 库图形绘制方法见表 9-3。

表 9-3　常用的 turtle 库图形绘制方法

方 法 名	功　　能	说　　明
backward 或 bk 或 back	逆光标箭头指向后退	参数为位移值
circle	画圆	默认参数为半径，可添加参数 extent（角度跨度）绘制经过这个角度的弧；可添加参数 steps（取大于或等于 3 的整数）绘制以该参数为顶点数的圆内接正多边形。这两个参数不能同时使用
clear	清除所有图形但不移动光标箭头位置	
color	设置或返回画笔颜色	以元组形式同时返回或设置笔触颜色和填充颜色
done	绘图完毕，结束进程	
dot	画点	参数为点的大小，可附加颜色参数，如 dot(20, "blue")
fillcolor	设置或返回填充颜色	
forward 或 fd	沿光标箭头指向前进	参数为位移值
goto 或 setpos 或 setposition	位移至某点	参数为坐标

续表

方　　法	功　　能	备　　注
hideturtle 或 ht	隐藏光标箭头	
home	返回原点	
isdown	返回是否落笔	
isvisible	返回光标箭头的显示状态	
left 或 lt	沿光标箭头指向左转	参数为角度（不是弧度）
pencolor	设置或返回笔触颜色	
pendown 或 pd 或 down	落笔	
pensize 或 width	设置笔触粗细	
penup 或 pu 或 up	抬笔	
position 或 pos	返回当前位置坐标	
reset	清除所有图形并将光标箭头置于原点	
right 或 rt	沿光标箭头指向右转	参数为角度（不是弧度）
setup	初始化画布的大小和位置	
setx	水平位移至 x 轴坐标	
sety	垂直位移至 y 轴坐标	
showturtle 或 st	显示光标箭头	
speed	位移速度	
towards	返回当前方向与光标箭头指向之间的角度	
undo	撤销（擦除）最后一步	
write	输出标签文本	默认参数为文本

9.2.1　turtle 基本绘图方法

1. 坐标位置和方向

setup()方法用于初始化画布的大小和位置，参数包括画布窗口宽度、画布窗口高度、画布在屏幕上的水平起始位置和画布在屏幕上的垂直起始位置。例如，setup(640,480,300,300)表示在屏幕位置(300,300)处开始创建 640×480 像素的画布窗体。

用 turtle 库创建的画布与 Canvas 不同，其原点(0,0)在画布的中心，坐标方向与数学定义一致，向右、向上为正。

2. 画笔

color()方法用于设置或返回画笔颜色。例如，color('red')将画笔颜色设为红色。也可用 fillcolor()方法设置或返回填充颜色，或用 pencolor()方法设置或返回笔触颜色。

pensize()或 width()方法用于设置笔触粗细，例如，pensize(5)设置笔触粗细为 5 像素。

3. 画笔控制和运动

penup()、pu()或 up()方法的功能为抬笔，当笔触移动时不留墨迹；pendown()、pd()或 down()方法的功能为落笔，当笔触移动时会留下墨迹。

画笔的移动方法有：沿光标箭头指向前进 forward()或 fd()，逆光标箭头指向后退 backward()、bk()或 back()。

画笔的原地转角方法有：沿光标箭头指向左转 left()或 lt()，沿光标箭头指向右转 right()或 rt()。

位移至某点的方法有：goto()、setpos()或 setposition()。

画圆的方法为 circle()。

返回原点的方法为 home()。

位移速度的方法为 speed()，其取值范围从慢到快为 1～10。**注意**，取 0 为最快（无移动过程，直接显示目标结果）。

绘图完毕，通常用 done()方法结束进程。

4. 文本

输出标签文本用 write()方法，默认参数为输出文本，可选参数有：move，是否为动画标签，默认 move=False；align（left、center 或 right），对齐方式；组类型参数 font（字体、字号、字形），设置字体，元组类型。

【**例 9-8**】 单步 turtle 绘图示例。从原点出发至坐标点(-100,100)，用红色，沿光标箭头指向（默认为水平向右）前进 200 像素，改为蓝色，后退 100 像素，以动画模式输出文本（黑体，36 磅，斜体）。效果如图 9-8 所示。

```
import turtle
turtle.setup(640,480,300,300)
turtle.reset()
turtle.pensize(5)
turtle.goto(-100,100)
turtle.color('red')
turtle.fd(200)
turtle.color('blue')
turtle.bk(100)
turtle.write('turtle绘图',move=True,font=('黑体',36,'italic'))
turtle.done()
```

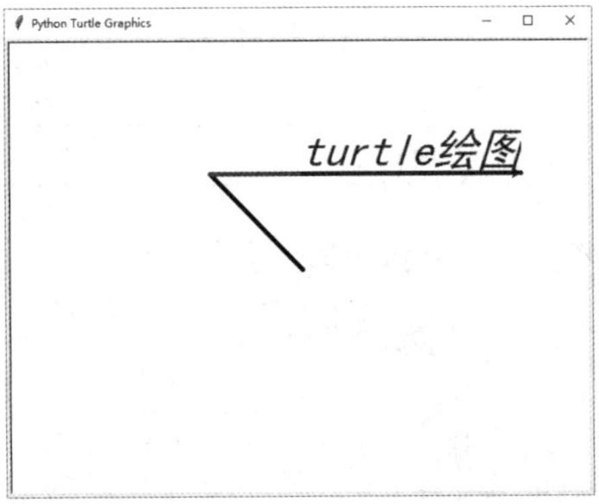

图 9-8 单步 turtle 绘图

9.2.2 turtle 绘图举例

1. 简单形状图形

用循环结构可自动重复绘制步骤得出规则图形。

【例 9-9】　以 5 像素笔触粗细重复执行"前进 100 像素，右转 60 度"的操作共 6 次，绘制红色正六边形；再用 circle()方法绘制半径为 60 像素的红色圆内接正六边形；然后抬笔移动至点(-50,200)落笔，重复执行"右转 144 度，前进 400 像素"的操作共 5 次，绘制五角星。效果如图 9-9 所示。例 9-8 中每步都需要声明"turtle."实例对象很麻烦，本例用"from turtle import *"作为导入语句，以下每步可省略该实例对象名称。为简便起见，还可以使用方法的简称，例如，将 forward()简化为 fd()等。

```
from turtle import *
reset()
pensize(5)
# 画正六边形，每步右转 60 度
for i in range(6):
    fd(100)
    right(60)
# 用 circle 方法画正六边形（半径为 60 像素的圆内接正六边形）
color('red')
circle(60,steps=6)
# 抬笔移动位置
up()
goto(-50,200)
down()
# 画五角星，每步右转 144 度
for i in range(5):
    right(144)
    fd(400)
done()
```

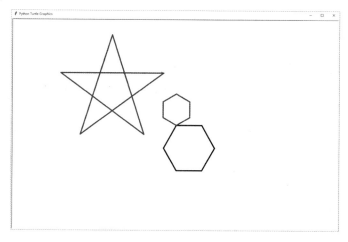

图 9-9　绘制规则图形

用循环结构重复执行某些绘图步骤，可创造出一些新颖有趣的花纹形状。

【例 9-10】　绘制螺纹形状。

此例中用"import turtle as tt"语句导入并以别名 tt 简化 turtle，是另一种常用的类库引用方式。用循环结构逐步移动圆的位置并增大圆的半径，可绘制出螺纹形状。效果如图 9-10 所示。

```
import turtle as tt
tt.speed(50)
tt.pencolor('blue')
for i in range(100):
    tt.circle(2*i)
    tt.right(4.5)
```

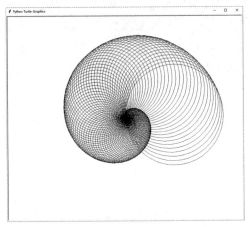

图 9-10　绘制螺纹形状

turtle 绘制图形的思路与在纸上手工绘制图形一致，几乎都是"抬笔—移动—落笔—绘制"的流程。按此思路，经过一段时间的尝试和调整，也可用程序模拟出手工绘制图形的效果。

2. 函数图形

用 turtle 库也可以绘制较为复杂的二维函数图形。其方法是：抬笔至图形起点，根据起点、终点、步长及画布的半宽、半高，利用循环结构逐点计算(x,y)的坐标并移动笔触至该点，最终得到函数图形。

【例 9-11】　创建 800×800 像素的画布，以画布中心为原点画出坐标轴，并按以下公式绘制曲线：

$$x=(w_0/4)\times(-2\sin t+\sin 2t)$$
$$y=(h_0/4)\times(2\cos t-\cos 2t)$$

式中，w_0 是画布宽度的一半，h_0 是画布高度的一半。t 的取值范围为 0～2π，步长为 0.01。

效果如图 9-11 所示。

```
import math
import turtle
# 自定义函数，从(x1, y1)到(x2, y2)绘制直线
def drawLine (ttl, x1, y1, x2, y2):
```

```
        ttl.penup()
        ttl.goto (x1, y1)
        ttl.pendown()
        ttl.goto (x2, y2)
        ttl.penup()
# 逐点计算坐标，并按此移动
def drawFunc (ttl, begin, end, step, w0, h0):
        t=begin
        while t < end:
            if t>begin:
                ttl.pendown()
            x = (w0/4)*(-2*math.sin(t)+math.sin(2*t))
            y = (h0/4)*(2*math.cos(t)-math.cos(2*t))
            ttl.goto (x, y)
            t +=  step
        ttl.penup()
def main():
        # 设置画布大小
        turtle.setup (800, 800, 0, 0)
        # 创建 turtle 对象
        ttl = turtle.Turtle()
        # 画坐标轴
        drawLine (ttl, -400, 0, 400, 0)
        drawLine (ttl, 0, 400, 0, -400)
        # 画函数图形
        ttl.pencolor ('red')
        ttl.pensize(5)
        drawFunc (ttl, 0, 2*math.pi, 0.01,400,400)
        # 对象，起点，终点，步长，半宽，半高
        # 绘图完毕
        turtle.done()
if __name__ == "__main__":
    main()
```

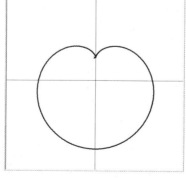

图 9-11　例 9-11 的函数图形

3. 数据可视化

读取文件中的数据点，可以像机械记录仪那样，用 turtle 笔触简便地实现数据的可视化。

【例 9-12】 读取 ecgdata.txt 文件中的心电图数据，绘制心电图，如图 9-12 所示。

由于 turtle 的坐标原点在画布中心，故横坐标起始点应向左移动画布半宽距离，在循环结构中，横坐标逐点递增右移，纵坐标体现文件中的数据。

```
import turtle
turtle.setup(500,600)          # 设置画布大小
turtle.speed(20)               # 设置位移速度
turtle.pu()                    # 抬笔
x=-300
turtle.goto(x,0)               # 画笔移至坐标
turtle.pd()                    # 落笔
ecg=list(open('ecgdata.txt','r'))
t=0
while t<len(ecg)-1:
    turtle.goto(t-300,int(ecg[t]))
    t+=1
```

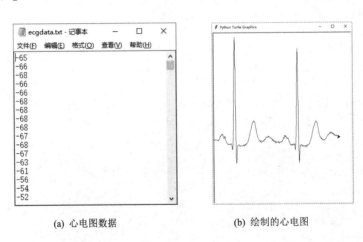

(a) 心电图数据   (b) 绘制的心电图

图 9-12　心电图数据和用 turtle 绘制的心电图

9.3　matplotlib 库的图形绘制方法

matplotlib 库是用于科学计算数据可视化的常见的 Python 第三方库。它借鉴了许多 MATLAB 中的函数，可以轻松绘制高质量的线条图、直方图、饼图、散点图及误差线图等二维图形，也可以绘制三维图像，还可以方便地设定图形线条的类型、颜色、粗细及字体的大小等属性。

9.3.1　环境安装和基本绘图方法

使用 matplotlib 库绘图，需要先安装 numpy 科学计算模块。如果不想经历烦琐的下载安装过程，也可使用 Anaconda 等集成安装方式来搭建科学计算环境。

二维图形的绘制通过导入 matplotlib 的 pyplot 模块所包含的 plot() 方法来完成。

首先，导入 pyplot 模块的语句如下：

```
import matplotlib.pyplot as plt
```

然后，使用 figure() 方法创建一个绘图对象，并设置对象的宽度比例 w 和高度比例 h，语法格式如下：

```
plt.figure(figsize=(w, h),dpi=x)
```

例如：

```
plt.figure(figsize=(4,3), dpi=200)  # 创建一个 4:3 的每英寸 200 点的绘图对象
```

接着使用 xlim() 和 ylim() 方法分别设定 x、y 轴坐标的范围，语法格式如下：

```
plt.xlim(left_x,right_x)
plt.ylim(bottom_y,top_y)
```

或者使用 axis() 方法：

```
plt.axis([left_x,right_x, bottom_y,top_y])
```

由于 matplotlib 绘图默认自动调整输出图形比例，若设定 plt.axis('equal')，则输出坐标轴等比例的图形。

调用 plot() 方法即可在绘图对象中进行绘图，语法格式如下：

```
plt.plot(X,Y,**args)
```

参数中，X、Y 并非单个点的坐标值，而是通过列表等序列型组合数据类型分别给出这两个变量的序列数据作为必选参数，以及图形的颜色、线型、描点标记等可选参数。

常用的颜色字符有：'r'（red，红色）、'g'（green，绿色）、'b'（blue，蓝色）、'c'（cyan，青色）、'm'（magenta，品红）、'y'（yellow，黄色）、'k'（black，黑色）、'w'（white，白色）等。

常用的线型有：'-'（直线）、'--'（虚线）、':'（点线）、'-.'（点画线）等。

常用的描点标记有：'.'（点）、'o'（圆圈）、's'（方块）、'^'（三角形）、'x'（叉）、'*'（五角星）、'+'（加号）等。

例如：

```
plt.plot(X, Y, '--*r')
```

表示以 X 和 Y 两个变量序列绘制红色（r）虚线（--），以星号（*）作为描点标记。

在同一个绘图对象中可用 plot()方法同时绘制多个图形，例如：

```
plt.plot(X, W, 'b', X, Y, '--*r', X, Z, '-.+g')
```

表示在同一个绘图对象中同时呈现 X 与 W、X 与 Y、X 与 Z 三组变量序列绘制的图形，并且分别以蓝色实线无描点、红色虚线星描点和绿色点画线加号描点表示。

plot()方法可使用参数 label 标注图例和公式。标注公式时，字符串以 "$" 开头和结尾，"^{ }" 表示上标，"cdot" 表示乘号（点），并且在字符可能出现歧义时用 "\" 作为转义符。注意，该字符串是以半角双引号界定的。例如：

```
label="$y=e^{-x} \cdot \cos (2 \pi x)$"
```

表示标注出数学公式 $y=e^{-x} \cdot \cos(2\pi x)$。

有参数 label 标注时，可用 legend()方法将其显示出来，图例对象可带位置参数 loc，常见取值有：'best'（自动最佳）、'upper right'（右上）、'lower left'（左下）、'center right'（靠右居中）、'r'（red，红色）等。

用 arrow()方法可添加箭头：

```
plt.arrow(x, y, dx, dy, **kwargs)
```

其中，x, y 为箭头起始坐标；dx, dy 为箭头增量坐标，即在 x、y 轴方向的长度。另外，还有箭头宽度 width、颜色 color 等参数。

在图上显示标注的其他方法如下。

- text()：在指定坐标位置输出文本。
- xlabel(), ylabel()：显示坐标轴标签文本。
- title()：显示标题文本。
- grid()：显示网格线。

需要特别指出的是，在 matplotlib 库默认设置中没有对中文的支持，如果需要使用中文文本标注，应在 matplotlib 库的字体管理器 font_manager 中专门设置。

例如，将个性化字体对象 myfont 设为华文宋体：

```
myfont = matplotlib.font_manager.FontProperties (fname =
        'C:/Windows/Fonts/STSONG.TTF')
```

并在输出文本时，使用该字体属性参数：fontproperties=myfont。

也可以直接设定参数字典的相关值：

```
matplotlib.rcParams['font.sans-serif'] = ['STSONG']
```

由于字体参数的改变，输出负号有时会受到影响（显示乱码或显示不出负号），可通过预设符号不使用 Unicode 字体解决：matplotlib.rcParams['axes.unicode_minus'] = False。

【例 9-13】 在同一个绘图对象中，利用不同颜色和标注绘制折线图形。效果如图 9-13 所示。

```
import numpy as np
import matplotlib
import matplotlib.pyplot as plt
matplotlib.rcParams['axes.unicode_minus'] = False
x = [-2, -1, 1, 3, 4, 5]
w = [3, 2, 5, 2, 3, 2]
y = [1, 2, 3, 2, 4, 1]
z = [1, 2, 3, 4, 5, 6]
plt.plot(x, w, 'b',label='w')
plt.plot(x, y, '--*r',label='y')
plt.plot(x, z, '-.+g',label='z')
myfont = matplotlib.font_manager.FontProperties \
            (fname='C:/Windows/Fonts/STSONG.TTF')
plt.xlabel("x轴",fontproperties=myfont)
plt.ylabel("w、y、z轴",fontproperties=myfont)
plt.title("折线图",fontproperties=myfont)
'''也可以用如下方法显示中文字符------
matplotlib.rcParams['font.sans-serif'] = ['STSONG']
plt.xlabel("x轴")
plt.ylabel("w、y、z轴")
plt.title("折线图")
-------'''
plt.legend(loc='best')
plt.show()
```

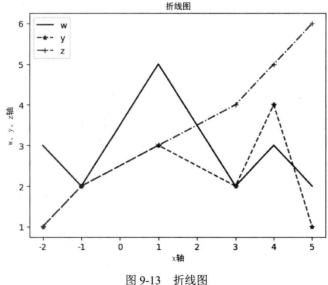

图 9-13　折线图

9.3.2　绘制二维函数图形

绘制函数图形可调用 numpy.arange()方法返回数据系列，再调用 plot()方法绘图。语法格式如下：

```
numpy.arange([start], stop[, step])
```

其中，参数依次为自变量起点、终点和数据间隔。numpy.arange()方法与range()方法的用法相似，但numpy.arange()方法中的所有参数和产生的序列元素都是浮点数，而range()方法只能产生整数序列。

【例9-14】 在同一个绘图对象中，分别以红色实线和蓝色点状线绘出 x 在-1.7～1.7之间间隔0.1变化时的函数图形，并标注其图例和对应的公式：

$$y=3x^3-3x^2+4\sin(x)$$
$$y=-3x^3-3x^2+4\sin(x)$$

效果如图9-14所示。

```
import numpy as np
import matplotlib.pyplot as plt
x = np.arange(-1.7, 1.7, 0.1)
plt.plot(x, 3*x**3-3*x**2+4*np.sin(x), \
         "r",label="$y=3x^{3}-3x^{2}+4sin(x)$")
plt.plot(x, -3*x**3-3*x**2+4*np.sin(x), \
         "b.",label="$y=-3x^{3}-3x^{2}+4sin(x)$")
plt.legend()    # 显示图例
plt.show()
```

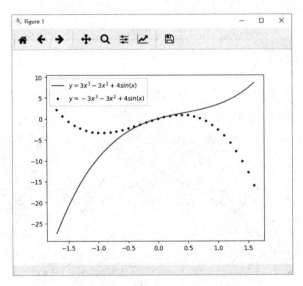

图9-14　例9-14的函数图形

【例9-15】 若w、h的取值均为600，t的取值范围为0～2π，步长为0.01，按以下公式绘制函数图形：

$$x = (w/2)\times((1+\cos(5\times t)+ \sin^2(3\times t))\times\sin(t))/4$$
$$y = (h/2)\times((1+\cos(2\times t)+ \sin^2(3\times t))\times\cos(t))/4$$

要求函数图形显示为蓝色并用红色显示坐标轴。

效果如图 9-15 所示。

```
import numpy as np
import matplotlib.pyplot as plt
w=h=600
plt.plot((-w/2,w/2),(0,0),'r')  # x轴
plt.arrow(w/2,0,1,0,color='r',width=5)  # x轴箭头
plt.plot((0,0),(-h/2,h/2),'r')           # y轴
plt.arrow(0,h/2,0,1,color='r',width=5)  # y轴箭头

t = np.arange(0, 2*np.pi, 0.01)
plt.plot(((w/2)*(1+np.cos(5*t)+(np.sin (3*t))**2) * np.sin(t)/4),
         ((w/2)*(1+np.cos(2*t)+(np.sin (3*t))**2) * np.cos(t)/4), 'b')
plt.axis('equal')                        # 坐标轴缩放比例一致
plt.show()
```

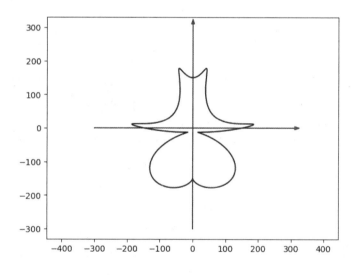

图 9-15　例 9-15 的函数图形

子图 subplot()方法可用参数 polar=True 设定为以极坐标方式显示。例 9-16 中，改用 plt.subplot(111, polar=True)，将只呈现一个极坐标子图。

【例 9-16】　用极坐标方式呈现以如下公式绘制的红色心状图形：

$$\omega(t) = \frac{\sin t \cdot |\cos t|^{\frac{1}{2}}}{\sin t + \frac{7}{5}} - 2\sin t + 2$$

效果如图 9-16 所示。

```
import numpy as np
import matplotlib.pyplot as plt
```

```
t=np.arange(0,2*np.pi,0.02)
plt.subplot(111,polar=True)
w=np.sin(t)*(np.abs(np.cos(t)))**(1/2)/(np.sin(t)+7/5)-2*np.sin(t)+2
plt.plot(t,w,'r')
plt.show()
```

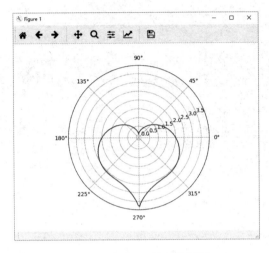

图 9-16　例 9-16 的函数图形

pyplot 模块可通过调用 subplot()方法增加子图。subplot()方法通常包含三个参数：共有几行、共有几列、本子图是第几个子图。例如，p1 = plt.subplot(211)或 p1 = plt.subplot(2,1,1)表示创建一个 2 行 1 列的子图，p1 为第一个子图。

【例 9-17】　创建 9∶6 的 200dpi 绘图对象，并且在上、下两个子图中分别用蓝色点状线和红色实线呈现 x 在 0.5～2.5 范围内变化的函数图形，分别标注坐标轴标签、图例和相应的公式：

$$y = e^{-x} \cdot \cos(2\pi x)$$
$$y = \sin(2\pi x) \cdot \cos(3\pi x)$$

效果如图 9-17 所示。

```
import numpy as np
import matplotlib.pyplot as plt
from pylab import *
myfont = matplotlib.font_manager.FontProperties(fname=
                'C:/Windows/Fonts/STSONG.TTF')
matplotlib.rcParams['axes.unicode_minus'] = False

def f1(x):
    return np.exp(-x)*np.cos(2*np.pi*x)

def f2(x):
    return np.sin(2*np.pi*x)*np.cos(3*np.pi*x)
```

```
x = np.arange(0.5,2.5,0.02)

plt.figure(figsize=(9,6),dpi=200)
p1 = plt.subplot(211)
p2 = plt.subplot(212)

p1.plot(x,f1(x),"b.",label="$y=e^{-x} \cdot \cos (2 \pi x)$")
p2.plot(x,f2(x),"r-",label="$y=\sin (2 \pi x) \cos (3 \pi x)$",
                    linewidth=2)

p1.axis([0.5,2.5,-1.0,1.5])

p1.set_ylabel("y",fontsize=12)
p1.set_title('函数曲线',fontsize=20,fontproperties=myfont)
p1.grid(True)
p1.legend()

p2.axis([0.5,2.5,-1.0,1.5])
p2.set_ylabel("y",fontsize=12)
p2.set_xlabel("x",fontsize=12)
p2.legend()

plt.show()
```

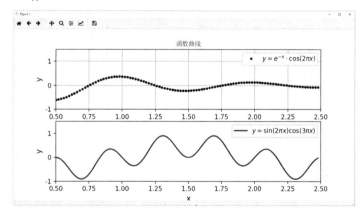

图 9-17　例 9-17 的函数图形

习题 9

以下习题以 Canvas 绘图方法描述，turtle 与 matplotlib 绘图方法要求略有不同，不要求达到全部功能，可参照完成。

1. 创建 400×400 像素的画布，x 轴放大倍数为 80，y 轴放大倍数为 35，以红色实线绘制坐标轴。当 x 在-1.7～1.7 范围内以步长 0.02 变化时，分别在第 I、II、III 和 IV 象限中，用黑、红、绿和蓝色，绘制从坐标原点至 $y=-3x^3-3x^2+4\sin x$ 的放射线。效果如图 9-18 所示。

2．创建 400×400 像素的画布，x 轴放大倍数为 80，y 轴放大倍数为 35，以红色实线绘制坐标轴。当 x 在-1.7～1.7 范围内以步长 0.02 变化时，绘制从 $y=-3x^3-3x^2+4\sin x$ 到$(x+20,y+20)$ 的斜线，形成彩带形状，要求函数下降部分用蓝色，函数上升部分用红色。效果如图 9-19 所示。

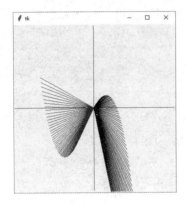

图 9-18　习题 1 的图

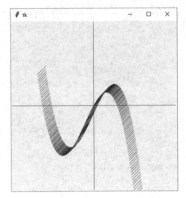

图 9-19　习题 2 的图

3．创建 600×600 像素的画布，以红色实线绘制坐标轴。当 $a=80$，t 在-π～π范围内以步长 0.01 变化时，用蓝色绘制函数图形。效果如图 9-20 所示。公式如下：

$$x=a\,(2\sin t-\sin 2t)$$
$$y=a\,(2\cos t-\cos 2t)$$

4．创建 600×600 像素的画布，以红色实线绘制坐标轴。设画布半宽和半高分别为 w_h 和 h_h，当 t 在 0～2π范围内以步长 0.01 变化时，分别在第 I、II 象限中用红色，在第 III、IV 象限中用绿色绘制从$(x,y-10)$到$(x,y+10)$的直线，形成花苞形状。效果如图 9-21 所示。公式如下：

$$x=(w_h/4)\times(-2\sin 2t+\sin t)$$
$$y=(h_h/4)\times(-2\cos 2t+\cos t)$$

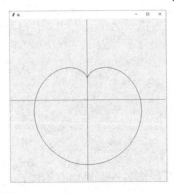

图 9-20　习题 3 的图

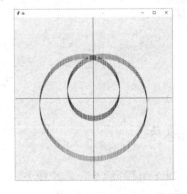

图 9-21　习题 4 的图

5．创建 600×600 像素的画布，以红色实线绘制坐标轴。设画布半宽和半高分别为 w_h

和 h_h，当 t 在 0～25 范围内以步长 0.01 变化时，用蓝色绘制函数图形（螺线）。效果如图 9-22 所示。公式如下：

$$x=(w_h/32)\times(\cos t+t\sin t)$$
$$y=(h_h/32)\times(\sin t-t\cos t)$$

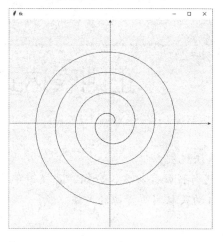

图 9-22　习题 5 的图

获取本章资源

第 10 章

正则表达式与简单爬虫

本章教学目标:
- 理解正则表达式的基本语法规则。
- 学会用 re 库的内置函数进行匹配、搜索、分组、替换等字符串操作。
- 了解和体验用简单爬虫自动获取网页资源的方法。

10.1 正则表达式

正则表达式(regular expression)是由一些特定字符及其组合所组成的字符串表达式,用来对目标字符串进行过滤操作。目前,大部分操作系统(Linux、UNIX、Windows 等)和程序设计语言(Java、C++、C#、Python、JavaScript 等)均支持正则表达式的应用。

对于一些有规律的字符串,例如,手机号码、身份证号、网址、生物信息编码等,无法用简单的判断表达其组成规律,而用正则表达式则可简便、准确、高效地进行表达和匹配操作。在正则表达式中,常见的基本符号见表 10-1。

表 10-1 正则表达式的常见基本符号

分 类	符 号	含 义	解 释
字符符号	d 和 D	单个数字 d,单个非数字 D	
	w 和 W	单个单词字符 w,单个非单词字符 W	单词字符包括大小写字母和数字,非单词字符包含标点符号和控制符等
	s 和 S	单个空白字符 s,单个非空白字符 S	空白字符包括空格、制表符、回车符、换行符、换页符等
	.	单个任意字符	代表除换行符以外的任意单个字符。例如,'a.c'可代表'abc'、'acc'等,但不能代表'abbc'
数量重复符号	{}	界定重复次数	{n,m}表示其前面的匹配出现至少 n 次、最多 m 次
	?	既是 1 次重复符,又是非贪婪匹配模式符	表示其前面的匹配出现 0 次或 1 次,放在最后表示非贪婪匹配模式
	*	多次重复符	表示其前面的匹配出现 0 次或无数次
	+	多次重复符	表示其前面的匹配至少出现 1 次或无数次

分类	符号	含义	解释
关系与限定符号	^	开始	引导字符串开始
	$	结尾	字符串结尾标志
	\	转义	为其后面的符号转义，但为避免与 Python 本身的转义符相混淆，建议正则表达式以 r 前缀统一转义。例如，'\d'可表示为 r'd'
	[]	界定单个字符	限定字符取值范围
	|	或	分隔字符之间"或"的逻辑关系，例如，'[P|p]ython'能匹配出'Python'或'python'
分组符号	()	界定一个分组	

正则表达式用这些基本符号，以单个字符、字符集合、字符范围、字符之间的组合等形式组成模板，然后用这个模板与所搜索的字符串进行匹配。

10.1.1　正则表达式的构成

1. 字符匹配

（1）数字和构词字符。用\d'可以匹配一个数字，用'\w'可以匹配一个构词字符（包括数字）。例如：

```
'11\d'可匹配'114'，但不能匹配'11A'
'\d\d\d'可匹配'021'
'\w\w\d'可匹配'sp3'
```

（2）任意单个字符。用'.'可以匹配任意单个字符，例如，'py.'可以匹配'py2'、'py3'、'py!'等。

（3）字符取值限定范围。用'[…]'表示字符取值限定范围，一组方括号只能表示一个字符，例如，'[0-9a-zA-Z_]'可匹配一个数字、字母或下画线。因为'[P\|p]'可匹配'P'或'p'，所以'[P\|p]ython'可匹配'Python'或'python'。

（4）开头和结尾。用'^'表示匹配字符串的开头，用'^\d'表示必须以数字开头，用'$'表示匹配字符串的结尾，用'\d$'表示必须以数字结束。例如，'py'可以匹配'python'，但加上表示开头和结尾的符号后，'^py$'只能匹配整个目标字符串，即'py'，对于'python'则不能匹配了。

（5）空白字符。换行符'\n'、回车符'\r'、制表符'\t'等控制字符可统一用空白字符'\s'表达。为避免与语法表达式中的符号混淆，要用'\'转义或加 r 前缀统一转义。建议使用 r 前缀，其后就可以不用考虑转义符的问题了。

（6）汉字。Python 默认支持 UTF-8 编码，可以直接用汉字精确匹配。

2. 重复数量

在字符匹配表达式之后，可用'*'表示任意次重复（包括 0 次），用'+'表示至少 1 次重复，用'?'表示 0 次或 1 次重复，用'{n}'表示固定 n 次重复，用'{n,m}'表示 n～m 次重复。

例如，在正则表达式'd{3}\s+\d{5,8}'中，'\d{3}'匹配 3 位数字，'\s'匹配 1 个空白符号，而 '\s+'表示至少有 1 个空格（包括制表符），'\d{5,8}'表示 5～8 位数字。这样，该正则表达式可匹配带 3 位区号并以任意个空格隔开的 5～8 位电话号码。

又如，常见的用'-'隔开区号的电话号码，国内长途区号为 3～4 位数字，如北京市为 010、江苏省苏州市为 0512 等，固定电话号码为 5～8 位数字，中间用连字符连接，可用正则表达式'\d{3,4}\-\d{5,8}'或 r'd{3,4}-d{5,8}'匹配。

3. 分组匹配

将一个复杂的匹配规律拆分成多个子表达式，再用圆括号将多个子表达式组合起来可进行分组匹配。例如，带 1 或 2 位小数的数字可表达为([1-9][0-9]*)(.[0-9]{1,2})。

对于稍复杂一些的字符串，如 IPv4 的 IP 地址由 4 组点分隔的十进制数组成，每组数字不能超过 255，头、尾不能是 0 或 255。可做如下拆分：

一位数： \d 或[0-9]，第一组只能是[1-9]

两位数： [1-9]\d

三位数进一步分段：100～199：1\d{2}

200～249：2[0-4]\d

250～255：25[0-5]，末尾组只能是 25[0-4]

这样，可组合成完整的正则表达式如下：

```
^([1-9]|([1-9]\d)|(1\d{2})|(2[0-4]\d)|(25[0-4]))\.(((\d)|([1-9]\d)|(
1\d{2})|(2[0-4]\d)|(25[0-5]))\.){2}(([1-9])|([1-9]\d)|(1\d{2})|(2[0-
4]\d)|(25[0-4]))$
```

10.1.2　贪婪匹配模式与非贪婪匹配模式

利用正则表达式将字符串的匹配模式通常分为贪婪匹配模式和非贪婪匹配模式两种。贪婪匹配模式是正则表达式默认的匹配模式。

贪婪匹配模式是一种趋向于最大长度的匹配模式，即尽可能多地匹配字符。例如，'ab+c'可匹配'abc'、'abbbc'、'abbbbbc'、'abbbbbbbbbbbbc'等，而默认的贪婪匹配模式会匹配最长的 'abbbbbbbbbbbbc'。

在实际应用中，有时并不是匹配得越多越好，需要按实际需求将默认的贪婪匹配模式转变为精确匹配模式，即为非贪婪匹配模式。

在正则表达式中表示重复数量的符号后面加"?"可将匹配模式从贪婪匹配模式转变为非贪婪匹配模式，即尽可能减少重复匹配。例如，'{m,n}?'表示对前面的字符重复匹配 m～n 次，并且尽可能少重复。在'ab+?c'可匹配的字符串中会匹配最短的'abc'。

某人写出正则表达式'^(\d+)(0*)$'用来匹配以若干个 0 结尾的数字字符串，但其对 '123456'照样可以匹配，因为默认的贪婪匹配模式直接把后面的 0 作为数字全部匹配了，实际上该表达式等效于'^(\d+)$'.当需要对必须以任意数字开头和 4 个 0 结尾的数字字符串（例如'1230000') 进行匹配时，建议采用非贪婪匹配模式正则表达式'^(\d+?)(0{4})$'，这样能精确地把后面的 4 个 0 全部匹配出来。

10.2　re 库的内置函数

Python 处理正则表达式的标准库是 re。使用 re 库的一般步骤：首先用 import re 语句导入，然后用 re.compile()方法将正则表达式实例化，创建正则表达式对象，再利用 re 库提供的内置函数对字符串进行匹配、搜索、替换、切分和分组等操作。re.compile()方法通常包括参数 pattern（正则表达式）和 flag（匹配模式，可选）。

flag 的常见取值说明如下。

re.I：忽略大小写。

re.L：使用当前本地化语言字符集中定义的\w、\W、\b、\B、\s、\S（用于多语言操作系统）。

re.M：多行模式，使'^'和'$'作用于每行的开始和结尾。

re.S：用'.'所匹配的任意字符，包括换行符。

re.U：使用 Unicode 字符集中定义的\w、\W、\b、\B、\s、\S、\d、\D。

re.X：忽略空格，并允许用'#'添加注释。

例如，创建正则表达式实例化对象 p：

```
p=re.compile('''[0-9a-zA-Z\_]    # 匹配 1 个数字、字母或下画线
               AA?               # 后面跟 A 或 AA
               (0*)$             # 由若干个 0 结尾
               ''',re.I|re.X)    # 忽略大小写、忽略空格并允许在其中整行加注释
```

10.2.1　匹配与搜索

实现匹配与搜索的方法有 match()、search()和 findall()。它们的作用和用法相似，通常有以下两种使用方法。

① 作为正则表达式实例化对象 p 的方法使用：

```
p.match(string[,pos[endpos]])
p.search(string[,pos[endpos]])
p.findall(string[,pos[endpos]])
```

若非指定，则 pos 和 endpos 的默认值分别为 0 和 len(string)，即从头到尾。

② 不预先实例化正则表达式而直接调用：

```
re.match(pattern, string[,flag])
re.search(pattern, string[,flag])
re.findall(pattern, string[,flag])
```

上述方法若没有匹配成功，均返回 None。不同的是，match()方法用于从起始位置匹配，而 search()方法用于搜索整个字符串的所有匹配。若匹配成功，则用 span()方法返回表示匹

配起始和终止位置的元组，findall()方法则以列表形式返回全部能匹配的子串。例如：

```
>>> re.match('abc', 'abcdef')                 # 匹配成功，返回匹配对象详情
<re.Match object; span=(0, 3), match='abc'>

>>> re.match('abc', 'abcdef').span()          # 返回位置元组
(0,3)

>>> re.match('abc', 'xyzabcdef')     # 不能成功匹配，无返回(返回值为 None)

>>> re.match('abc', 'xyzabcdef').span()       # 报错
Traceback (most recent call last):
  File "<pyshell#5>", line 1, in <module>
    re.match('abc', 'xyzabcdef').span()
AttributeError: 'NoneType' object has no attribute 'span'

>>> re.search('abc', 'abcdef')                # 匹配成功，返回匹配对象详情
<re.Match object; span=(0, 3), match='abc'>

>>> re.search('abc', 'xyzabcdef')             # 匹配成功，返回匹配对象详情
<re.Match object; span=(3, 6), match='abc'>

>>> re.search('abc', 'abcdef').span()         # 返回位置元组
(0,3)

>>> re.search('abc', 'xyzabcdef').span()      # 返回位置元组
(3,6)

>>> re.findall('abc', 'xyzabcxyzabc.abc')      # 返回全部能匹配的子串列表
['abc', 'abc', 'abc']
```

【例 10-1】 某 E-mail 地址的构成规则：英文字母或数字（1～10 个字符）+"@"+ 英文字母或数字（1～10 个字符）+"."，最后以 com 或 org 结束。其正则表达式为 '^[a-zA-Z0-9]{1,10}@[a-zA-Z0-9]{1,10}.(com|org)$'。输入 E-mail 地址的测试字符串，忽略大小写，判断并输出是否符合构成规则。

```
import re
p=re.compile('^[a-zA-Z0-9]{1,10}@[a-zA-Z0-9]{1,10}.(com|org)$',re.I)
while True:
    s=input("请输入测试 E-mail 地址(输入 0 退出程序):\n")
    if s=='0':
        break
    m=p.match(s)
    if m:
        print('%s 符合规则' %s)
    else:
        print('%s 不符合规则' %s)
```

运行结果：

> 请输入测试 E-mail 地址 (输入 0 退出程序)：
> Abc123@163.com
> Abc123@163.com 符合规则
> 请输入测试 E-mail 地址 (输入 0 退出程序)：
> aaaa@harvard.edu
> aaaa@harvard.edu 不符合规则
> 请输入测试 E-mail 地址 (输入 0 退出程序)：
> 0
> \>>>

10.2.2　切分与分组

1. 切分

在实际应用中，常遇到来自不同数据源用不同分隔符号隔开的字符数据，分隔符号可能是一个或多个空格、制表符、英文逗号、英文分号等，利用正则表达式和 split() 方法可方便地将其切分，并以字符串列表返回结果。语法格式如下：

```
re.split(pattern,string[,maxsplit])
```

其中，除前面已出现的 pattern 和 string 外，可选参数 maxsplit 为最大切分次数。

例如，分隔符号是一个或多个空格、制表符、英文逗号、英文分号的正则表达式为

```
'[\s\t\,\;]+'
```

测试字符串为

```
abc  def,;123 456,xyz
```

用

```
re.split('[\s\t\,\;]+', 'abc  def,;123 456,xyz')
```

可返回列表为

```
['abc', 'def', '123', '456', 'xyz']
```

2. 分组

当正则表达式是由多个括号组合而成的复合形式时，用 group() 方法，可对用 re.match() 或 re.search() 方法成功匹配的返回对象按正则表达式的分组提取子串。

例如，表示电话号码的正则表达式'^(\d{3,5})-(\d{5,8})$'由区号和本地号码两个分组组成，用 group() 可以直接从匹配的字符串中提取出区号和本地号码：

```
m=re.search('^(\d{3,5})-(\d{5,8})$','021-81870936')
m.group()            # 返回匹配的字符串'021-81870936'
m.group(0)           # 返回原始字符串'021-81870936'
```

```
m.group(1)              # 返回第 1 个子串，区号'021'
m.group(2)              # 返回第 2 个子串，本地号码'81870936'
```

10.2.3 替换

用 re 库中的 sub()和 subn()方法，可将正则表达式所匹配的字符串内容替换为指定字符串内容，并返回替换后的新字符串。两者用法一样，只是 sub()方法返回的是替换后的新字符串，而 subn()则以元组类型返回新字符串和替换次数。语法格式如下：

```
re.sub(pattern, repl, string[, count, flags])
re.subn(pattern, repl, string[, count, flags])
```

其中，repl 为拟替换的字符串。

【例 10-2】 用正则表达式将字符串 s 中连续的 3 位数字替换为'xxx'。

```
import re
p=re.compile('[\d]{3}')
s='1234abcd123DFE22225BCDF'
print(p.sub('xxx',s))
print(p.subn('xxx',s))
```

运行结果：

```
xxx4abcdxxxDFExxx25BCDF
('xxx4abcdxxxDFExxx25BCDF', 3)
```

10.3 正则表达式的应用：简单爬虫

网络爬虫是指按照一定规则自动抓取网络信息的程序或脚本。运用 Python 内置的 requests 或 urllib 等类库并结合正则表达式，可简单实现对静态网页信息的自动下载。

爬虫程序的基本步骤如下：

- 获取网页源代码；
- 根据所关注目标所在链接的特点写出正则表达式；
- 用正则表达式匹配获取目标链接；
- 用循环结构遍历目标链接并自动下载信息。

下面以自动抓取静态网页中的新闻链接、标题和新闻图片信息为例，用 Python 编程实现。

10.3.1 抓取新闻链接和标题

用浏览器访问某网页时，在网页上右击，从快捷菜单中选择"查看源代码"命令，可以看到网页的源代码，如图 10-1 所示。

【例 10-3】 自动抓取《人民日报》的网上信息发布平台人民网（http://www.people.com.cn）首页中的新闻链接和标题，并将结果写入 C:\data\a.csv 中。

　　用 requests.get(url, headers)可获取以字符串类型呈现的上述网页的源代码。有些网站设置了反爬机制，要求提供浏览器的请求标头才能得到网页源代码。程序中可仿冒浏览器的请求标头建立以 User-Agent 为键的字典为 headers 提供参数。以 Edge 浏览器为例，找到"开发人员选项"菜单，在"网络"/"请求标头"中可复制该浏览器的请求标头，从而建立字典 head。

　　由于该网页以简体中文编码，因此要将该字符串的编码方式设定为 html.encoding = 'GBK'（其他网页中采用的编码方式也可能是'UTF-8'），以免出现乱码。在编写程序过程中，随时可通过 print()函数观察效果。

```
<li><a href='http://finance.people.com.cn/n1/2023/0212/c1004-32622066.html' target=_blank>今年永定河生态补水将超7亿立方米</a></li>
<li><a href='http://finance.people.com.cn/n1/2023/0212/c1004-32622022.html' target=_blank>新疆举办春季大型人才交流会</a></li>
<li><a href='http://finance.people.com.cn/n1/2023/0212/c1004-32622055.html' target=_blank>办理排污许可登记要收费？骗局</a></li>
<li><a href='http://finance.people.com.cn/n1/2023/0212/c1004-32622060.html' target=_blank>两部门发布《商业银行金融资产风险分类办法》</a></li>
```

图 10-1　静态网页源代码（局部）

　　网页源代码中新闻链接和标题的呈现特点如下：

```
<li><a href='http:// ….html' target=_blank>…</a></li>
```

　　根据该链接和标题的源代码特点，以非贪婪匹配模式".*?"替代具体链接和标题内容作为正则表达式：

```
r"<li><a href='http://.*?.html' target=_blank>.*?</a></li>"
```

　　如果正则表达式中含有单引号和双引号，用 Python 特有的三引号更能表现出优势。

　　实例化正则表达式对象为 titre，用 findall()方法可得到匹配正则表达式的具有字符串类型元素的列表 urls。

　　用循环结构遍历列表 urls，以链接和标题之间固定的字符串"target=_blank>"作为分隔，用 re.split()方法可将链接与标题分为列表 spli 中的两个字符串类型元素。将两个字符串切片、打印，并写入文件 C:\data\a.csv 中（.csv 文件的编码方式为'GBK'），即可得到结果，如图 10-2 所示。

	A	B
1	链接	标题
2	http://leaders.people.com.cn/n1/2023/0207/c58278-32619023.html	保企业促发展 开年以后这些涉企留言有回应
3	http://leaders.people.com.cn/n1/2022/1213/c58278-32586278.html	湖南省政府副秘书长、省信访局局长：推动信访工作
4	http://finance.people.com.cn/n1/2023/0212/c1004-32622065.html	大连边检站全力助推口岸顺畅通关
5	http://finance.people.com.cn/n1/2023/0212/c1004-32622066.html	今年永定河生态补水将超7亿立方米
6	http://finance.people.com.cn/n1/2023/0212/c1004-32622022.html	新疆举办春季大型人才交流会
7	http://finance.people.com.cn/n1/2023/0212/c1004-32622055.html	办理排污许可登记要收费？骗局
8	http://finance.people.com.cn/n1/2023/0212/c1004-32622060.html	两部门发布《商业银行金融资产风险分类办法》
9	http://finance.people.com.cn/n1/2023/0212/c1004-32622023.html	农机"轻骑兵"春耕助力忙
10	http://finance.people.com.cn/n1/2023/0212/c1004-32622056.html	中国版ChatGPT快来了吗

图 10-2　抓取新闻链接和标题的结果

　　代码如下：

```
import requests
import re
head={"User-Agent":"Mozilla/5.0…………"}
url='http://www.people.com.cn'
html=requests.get(url,headers=head)
```

```
html.encoding = 'GBK'
# 此处可用 print(html.text) 观察所获取的网页源代码
regrule=r'''<li><a href='http://.*?.html'
          target=_blank>.*?</a></li>'''
titre=re.compile(regrule)
urls=titre.findall(html.text)
# 此处可用 print(urls) 观察匹配字符串的列表
f=open('C:/data/a.csv','a',encoding='GBK')
f.write('链接,标题\n')  # 写标题行
for titu in urls:
    spli=re.split(' target=_blank>',titu)
    # print(spli[0][13:-1],spli[1][:-9])
    f.write(spli[0][13:-1] +','+spli[1][:-9]+'\n')
f.close()
```

10.3.2　抓取新闻图片素材

【例 10-4】　自动抓取人民网（http://www.people.com.cn）首页中的新闻图片，自动编号后保存在 C:\data\文件夹中。

用 requests.get(url, headers)获取以字符串类型呈现的网页源代码，可见其中.jpg 类型的图片很多，我们所关注的新闻图片链接的呈现特点如下：

```
img src="….jpg
```

根据图片链接的源代码特点，以非贪婪匹配模式".*?"替代具体图片链接作为正则表达式：

```
r'img src=".*?.jpg'
```

实例化正则表达式对象为 imgre，用 findall()方法可得到匹配正则表达式的具有字符串类型元素的列表 urls。在注释处可通过 print()语句观察效果。

用循环结构遍历列表 urls，并将保存图片链接的字符串 imgu 切片，前面加上首页链接 url，即为完整的图片链接。调试时，可先用 print()语句输出每个步骤的阶段结果进行尝试。

用循环结构逐个通过 requests.get()方法下载图片素材，并自动编号，保存在指定位置，如图 10-3 所示。

该简单爬虫的代码如下：

```
import requests
import re
head={"User-Agent":"Mozilla/5.0…………"}
url='http://www.people.com.cn'
html=requests.get(url,headers=head)
# print(html.text)
regrule=r'img src=".*?.jpg'
imgre=re.compile(regrule)
```

```
urls=imgre.findall(html.text)
print(urls)

x=0
for imgu in urls:
    # print(url+imgu[9:])
    flo=requests.get(url+imgu[9:] ,headers=head)
    filename='C:/data/%d.jpg' %x
    f=open(filename,'wb')
    filesize=f.write(flo.content)
    print(filename,filesize,'Bytes')
    x+=1
```

　　需要说明的是，这里所介绍的简单爬虫只是正则表达式的简单应用，只适用于静态网页。而对于转移 URL 的网页、地址中带有中文的网页、监测浏览器类型的网页和后台调用数据库的动态网页等复杂的抓取需求，需要进一步深入应用 Python 的内置库或第三方库实现。

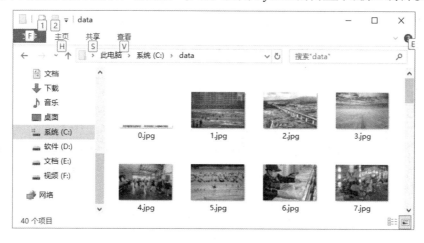

图 10-3　抓取新闻图片素材的结果

习题 10

　　1. 根据下列字符串的构成规律写出正则表达式，并尝试利用 re 库中的有关方法实现对测试字符串的匹配、搜索、切分、分组和替换操作。

　　（1）E-mail 地址。　　　　　　（2）IPv4 地址。　　　　　　（3）国内手机号码。

　　（4）国内电话号码（0 开头的 3～4 位区号-5～8 位号码）。

　　（5）18 位身份证号码（不考虑大小月、闰月和校验规则）。

　　2. 创建简单爬虫程序，实现对静态网页（例如，本校的院系主页、昵图网、知乎日报、淘宝网等）中新闻标题、JPG、PNG、GIF 图片或 MP3 等素材的自动下载。

获取本章资源

第11章

数据库操作

本章教学目标:

- 理解 SQLite 数据库的创建。
- 掌握简单的 SQL 语句。
- 理解数据库连接对象和游标对象的创建。
- 掌握游标对象的方法 execute()、fetchone()、fetchall()和 close()。
- 了解 Python 对 Access、MySQL 和 SQL Server 等数据库的操作方法。

11.1 访问 SQLite 数据库

关系型数据库中的数据可存放于多个二维表中,例如,图 11-1 所呈现的是 SQLite 数据库 student.db 中学生基本情况表 base 的部分数据。在表中,行称为**记录**(record),列称为**字段**(field)。

学号	姓名	性别	专业	生源	身高	电话
1012024001	陈昊文	男	临床医学	辽宁	176	1363464974
1012024002	龚哲	男	临床医学	辽宁	164	1373871291
1012024003	周强	男	临床医学	福建	167	1387385819
1012024004	周昌旭	男	临床医学	山东	180	1363563544
1012024005	王建	男	临床医学	黑龙江	164	1379876578
1012024006	叶麒霖	男	临床医学	山东	180	1315618340
1012024007	刘慧鹏	男	临床医学	天津	178	1372571247
1012024008	洪旭	男	临床医学	山东	167	1394898753
1012024009	刘尧	男	临床医学	河北	164	1335335653
1012024010	徐鲁刚	男	临床医学	黑龙江	165	1310413694
1012024011	孙英豪	男	临床医学	河北	164	1352451787
1012024012	任长江	男	临床医学	山东	168	1315412824

图 11-1 student.db 数据库中学生基本情况表 base 的部分数据

一个数据库中可以包含多个表,例如,在 student.db 数据库中除包含学生基本情况表 base 外,还包含成绩表 score 等数据表。各表中都包含一个学号字段,通过学号可以建立两个表乃至多个表之间的关联关系,并作为一个逻辑整体提供查询应用。这样,既避免了单个表的庞大复杂，又增加了引用数据的灵活性，减少了数据的冗余。

SQLite 是一个开源的关系型数据库系统，具有零配置（Zero Configuration）、自我包含（Self-contained）和便于传输（Easy Transfer）等优点。由于其高度便携、使用方便、结构紧凑、高效和可靠，因此被广泛作为移动设备嵌入式数据库用于前端数据存储。SQLite 支持规范的 SQL（Structured Query Language，结构化查询语言），可方便地支持数据库系统原型研发和移植。

SQLite 将整个数据库的表、索引、数据都存储在一个单一的.db 文件中，不需要网络配置和管理，没有用户账户和密码，数据库的访问权限依赖于文件所在的操作系统。这个小型的数据库系统支持事务，具有原子性、一致性、隔离性和持久性，还支持触发器、复杂查询，以及多进程并发访问。

11.1.1　SQLite 数据库连接对象及表的 SQL 操作

SQLite3 是 Python 的内置库，用 import sqlite3 语句导入后，访问 SQLite 数据库通常需要经历如下步骤。

① 用 connect()方法创建数据库连接对象 conn。

② 如果需要对表进行创建新表、插入数据、修改或删除数据操作，可使用 conn.execute()方法，并使用 conn.commit()方法提交事务。

③ 如果需要查询操作，应先使用 conn.cursor()方法返回游标对象 cur，然后执行cur.execute()方法进行查询。

④ 调用 cur.fetchone()、cur.fetchmany()或 cur.fetchall()方法返回查询结果。

⑤ 最后关闭 cur 和 conn 对象。

用 connect()方法可建立对已有数据库文件的连接对象（下例中的 conn），若不存在该数据库文件，则新建该数据库。例如，在 D 盘根目录下建立一个空数据库 test.db：

```
import sqlite3
conn = sqlite3.connect('D:/test.db')
```

由于 SQLite3 并不是可视化呈现的，因此可使用 Navicat for SQLite、SQLite Expert、SQLite Studio、SQLiteTool 等第三方工具协助管理数据库。如图 11-2 所示，可用 Navicat for SQLite 可视化管理 SQLite 数据库。

建立数据库连接对象后，用数据库连接对象的方法execute(SQL 语句)可执行 SQL 语句，对数据库及表实现创建、插入、修改、删除和查询操作。SQL 语句大小写不敏感，可分行，关键字之间可使用空格。在 Python 字符串的三引号界定符'''的支持下，可将 SQL 语句分行呈现，增加可读性。

成功创建数据库后，应在其中合理创建表。表结构的设计是否合理，对程序运行的效率至关重要。设计和创建表，主要关注表中应包含哪些字段，以及每个字段的名称、数据类型和宽度。

SQLite3 中的字段支持以下 4 种类型。

① 整数（INTEGER）型：有符号整数，按实际存储大小自动存储为 1、2、3、4、6

或 8 字节，通常不需要指定位数。

② 实数（REAL）型：浮点数，以 8 字节指数形式存储，可指定总位数和小数位数。

③ 文本（TEXT）型：字符串，以数据库编码方式存储（以 UTF-8 编码可支持汉字）。

④ BLOB 型：二进制对象数据，通常用来保存图片、视频等数据。

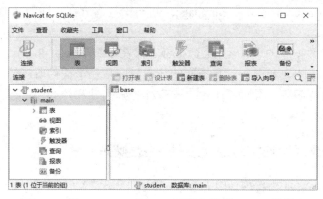

图 11-2　用 Navicat for SQLite 可视化管理 SQLite 数据库

创建表的 SQL 语句语法格式如下：

```
CREATE TABLE <表>(<字段元组>)
```

SQL 语句大小写不敏感，可以用大写形式以示与 Python 语句相区别。

设计表结构时，作为一种数据完整性约束可指定某字段是否允许空。若不允许为空，可用关键字 NOT NULL 加以限制。

在大多数表中，往往会指定一个非空且唯一的字段作为主关键字（PRIMARY KEY），如学号。为了便于快速检索，通常将表按主关键字建立索引。

【例 11-1】　根据如图 11-1 所示的数据结构，在 D 盘根目录下建立一个空数据库 student.db，并按如图 11-3 所示的表结构创建学生基本情况表 base。

名	类型	长度	小数点	允许空值 (Null)	
学号	TEXT	10	0	☐	🔑1
姓名	TEXT	10	0	☐	
性别	TEXT	1	0	☑	
专业	TEXT	6	0	☑	
生源	TEXT	6	0	☑	
身高	INTEGER	0	0	☑	
电话	TEXT	11	0	☑	

图 11-3　学生基本情况表 base 的数据结构

代码如下：

```
import sqlite3
conn = sqlite3.connect('D:/student.db')
conn.execute('''CREATE TABLE BASE
        (学号    TEXT(10)    PRIMARY KEY    NOT NULL,
         姓名    TEXT(10)    NOT NULL,
         性别    TEXT(1)     NOT NULL,
         专业    TEXT(6),
```

```
生源    TEXT(6),
身高    INTEGER,
电话    TEXT(6) );''')
```

与数据库连接对象方法 conn.execute()相关的常用 SQL 语句语法格式如下。

添加：

```
INSERT INTO <表>(<字段元组>) VALUES (<数据元组>)
```

修改：

```
UPDATE <表> SET <字段>=<值>
```

删除：

```
DELETE FROM <表> WHERE <条件表达式>
```

【例 11-2】　编写 Python 程序为例 11-1 中创建的 student 库的 base 表添加新生的学号、姓名和性别三项非空数据。

```
import sqlite3
# 连接数据库
conn =sqlite3.connect('D:/student.db')
while True:
    id=input('请输入新生学号：（输入 0 退出程序）\n')
    if id=='0':
        break
    name=input('请输入新生姓名：\n')
    gender=input('请输入新生性别：\n')
    # 格式化构建 SQL 字符串
    SQL='''INSERT INTO BASE
        (学号,姓名,性别)
        VALUES ('%s','%s','%s')''' %(id,name,gender)
    # 插入数据
    conn.execute(SQL)
    # 提交事务
    conn.commit()

conn.close()
```

运行结果如下：

```
请输入新生学号：（输入0退出程序）
3042024001
请输入新生姓名：
张三
请输入新生性别：
男
请输入新生学号：（输入0退出程序）
3042024002
请输入新生姓名：
李四
请输入新生性别：
女
请输入新生学号：（输入0退出程序）
0
>>>
```

学号	姓名	性别
▶ 3042024001	张三	男
3042024002	李四	女

图 11-4　向 base 表中添加数据

添加数据后的 base 表如图 11-4 所示。

在格式化构建 SQL 字符串时应注意，VALUES 后面的数据元组应与前面的字段元组的顺序一致，且 TEXT 型的数据要加单引号界定符。

11.1.2　游标对象和 SQL 查询

与游标对象方法 cur.execute()相关的 SQL 语句语法格式如下：

```
SELECT [DISTINCT] <目标列表达式> [AS <列名>]
[,<目标列表达式> [AS <列名>] …] FROM <表名> [,<表名>…]
[WHERE <条件表达式> [AND|OR <条件表达式>…]
[GROUP BY 列名 [HAVING <条件表达式>>
[ORDER BY 列名 [ASC | DESC>
```

其中，DISTINCT 表示不包括重复行；

<目标列表达式>包含对目标列的 AVG、COUNT、SUM、MIN、MAX 等聚合函数；

<GROUP BY　列名>为对聚合函数查询的分组；

[HAVING <条件表达式>]为分组筛选的条件；

[ORDER BY　列名　[ASC | DESC>表示对查询结果排序，ASC 为升序（默认），DESC 为降序。

执行游标对象 cur.execute(<SELECT 查询 SQL 语句>)后，用 cur.fetchall()或 cur.fetchone()方法可接收查询结果。其中，cur.fetchall()方法返回的是，以每条记录为一个元组，再以元组作为元素的二维数据集列表，而 cur.fetchone()方法则只返回第一条记录的元组类型结果。

【例 11-3】　编写 Python 程序，对例 11-1 创建的 student 库，根据所输入的专业查询学生学号、姓名和性别。

```
import sqlite3
conn=sqlite3.connect('D:/student.db')
while True:
    major=input('请输入查询专业：（输入 0 退出程序）\n')
    if major=='0':
        break
    SQL="SELECT * FROM BASE WHERE 专业='%s'" %major
    cur=conn.execute(SQL)
    list1=cur.fetchall()
    print('学号　',' 　姓名 ','性别',' 专业')
    for rec in list1:
        print(rec[0],rec[1],rec[2],rec[3])

conn.close()
```

运行结果如下：

```
请输入查询专业：（输入0退出程序）
生物技术
学号　　姓名　性别　专业
1502024001 张森 男 生物技术
1502024002 綦鹏 男 生物技术
1502024003 王炜昌 男 生物技术
1502024004 王志强 男 生物技术
1502024005 翟伊 男 生物技术
1502024006 沈锦 男 生物技术
1502024007 卞长浩 男 生物技术
1502024008 贺航 男 生物技术
1502024009 朱建平 男 生物技术
1502024010 张颀凡 男 生物技术
1502024011 兰广杰 男 生物技术
1502024012 张家伟 男 生物技术
1502024013 曹泽峥 男 生物技术
1502024014 李浩飞 男 生物技术
1502024015 王旭 男 生物技术
1502024016 张裕文 男 生物技术
1502024017 张双成 男 生物技术
1502024018 孙一浓 男 生物技术
1502024019 王耀谦 男 生物技术
1502024020 刘天 男 生物技术
请输入查询专业：（输入0退出程序）
0
>>> |
```

11.2　访问 Access、MySQL 和 SQL Server 数据库

Python 可支持访问不同的数据库。但由于不同数据库及其服务的通信协议各有不同，利用早期版本访问不同数据库时需要不同代码的支持，而 Python DB-API 作为 Python 标准数据库接口的诞生，为 Python 数据库应用提供了标准的编程接口。它支持 MySQL、PostgreSQL、Microsoft SQL Server、Oracle、Sybase 等常用数据库。即使所需连接的数据库底层服务协议不同，也能够以标准的 DB-API 接口实现访问。

利用 Windows 对各种数据库驱动的开放数据库连接接口（Open Database Connectivity，ODBC），也可实现对数据库的标准访问。

通过标准的 DB-API 访问各类数据库通常如同 11.1 节访问 SQLite 数据库一样，也需要经历如下步骤。

① 用 connect()方法创建数据库连接对象 conn。

② 如果需要对表进行创建新表、插入数据、修改或删除数据操作，可使用 conn.execute()方法，并使用 conn.commit()方法提交事务。

③ 如果需要查询操作，应先使用 conn.cursor()方法返回游标对象 cur，然后执行 cur.execute()方法进行查询。

④ 调用 cur.fetchone()、cur.fetchmany()或 cur.fetchall()方法返回查询结果。

⑤ 最后关闭 cur 和 conn 对象。

其中，对不同类型的数据库需要引用不同的标准库，用不同的语句创建数据库连接对象。

1. 用 ODBC 创建数据库连接对象

要实现对 Access 数据库文件的访问，可通过引用第三方库 pyodbc，利用 Windows 的

ODBC 创建数据库连接对象。用此方法也可以实现对 Excel 文件和 dBase、Foxpro、SQL Server 等微软数据库的访问。

预先安装 pyodbc 库，然后用下列语句建立数据库连接对象：

```
import pyodbc
conn=pyodbc.connect(r"Driver={Microsoft access Driver (*.mdb,
    *.accdb)};DBQ=" + <Access 文件> + ";Uid=;Pwd=;charset='utf-8';")
```

2. 对 MySQL 创建数据库连接对象

MySQL 数据库是近年来流行的开源关系型数据库，对其建立连接对象需要预先安装 PyMySQL 库，然后用下列语句创建：

```
import pymysql
conn = pymysql.connect(host=<服务器地址或域名>, port=3306, user='root',
                        passwd=<密码>, db=<数据库名>)
```

3. 对 SQL Server 创建数据库连接对象

SQL Server 数据库是微软主流的大型关系型数据库，对其建立连接对象需要预先安装 pymssql 库，然后用下列语句创建：

```
import pymssql
conn = pymssql.connect(host =<服务器地址或域名>,database =<数据库名>,
                        user=<用户名>,password=<密码>)
```

数据库连接对象建立后，对各类数据库的访问操作方法均与前面介绍的对 SQLite 数据库的访问操作类似，这里不再赘述。值得注意的是，由于目前各类数据库的编码不统一，因此对中文查询的支持尚不够理想。

【例 11-4】 编写 Python 程序，分别在用 ODBC 创建的数据库 student.accdb，以及 MySQL 数据库 student（数据库地址 192.168.145.253，root 密码为 test1234）和 SQL Server 数据库 student（数据库地址 192.168.145.253，sa 密码为 test1234）的 base 表中，查询身高（height）181cm 以上的学生学号、姓名和性别。

```
import pyodbc
DBfile='C:/data/student.accdb'
conn = pyodbc.connect(r"Driver={Microsoft access Driver (*.mdb,
    *.accdb)};DBQ=" + DBfile + ";Uid=;Pwd=;charset='utf-8';")

# 连接 MySQL 数据库
# import pymysql
# conn = pymysql.connect(host='192.168.145.253',
#       port=3306, user='root',passwd='test1234', db='student')

# 连接 SQL Server 数据库
# import pymssql
# conn = pymssql.connect(host =".", database ="student",
```

```
#                          user="sa", password="test1234")

cur = conn.cursor()
cur.execute("SELECT *  FROM BASE WHERE HEIGHT>181")
list1=cur.fetchall()
print('{:<15}{:<8}{:<5}{:<10}'.format('学号','姓名','性别','专业'))

for rec in list1:
    print('{:<15}{:<8}{:<5}{:<10}'.format(rec[0],
                        rec[1],rec[2],rec[3]))
conn.close()
```

运行结果如下:

```
学号              姓名       性别    专业
1012024029      余辉       男     临床医学
1012024063      田畅       男     临床医学
1012024112      刘岳       男     临床医学
1012024130      崔节       男     临床医学
1022024010      杜泽       男     麻醉学
1022024028      郑铎       男     麻醉学
1032024030      刘祖立      男     药学
1052024005      黄梓颉      男     预防医学
1052024066      霍绍卿      男     预防医学
1052024070      李大鹏      男     预防医学
1102024004      吕浩       男     管理学
1102024018      卢志强      男     管理学
```

习题 11

1. 创建数据库文件 Business.db，其中包含 Info 表和 Customer 表。Info 表为商品信息表，表结构包括商品编号（TEXT 型）、商品名称（TEXT 型）、单价（INTEGER 型）。Customer 表为用户购买情况表，表结构包括顾客编号（TEXT 型）、姓名（TEXT 型）、商品编号（TEXT 型）。

（1）输出数据库中 Info 表的所有内容。

（2）将输入的商品购买信息"顾客编号"、"姓名"和"商品编号"添加到 Customer 表中。运行结果举例如下:

```
请输入顾客编号:  (输入0退出程序)
0009
请输入顾客姓名:
张三
请输入购买商品编号:
130207
```

（3）输入顾客编号，输出"顾客编号"和"消费金额"查询结果，其中"消费金额"是用聚合函数 sum()计算的该顾客所购商品的总价。

【提示】　所涉及的 SQL 语句如下:

```
SQL='''SELECT
    Customer.顾客编号,
    sum(Info.单价)
    FROM Customer INNER JOIN Info
```

```
ON Customer.商品编号 = Info.商品编号
GROUP BY Customer.顾客编号
HAVING Customer.顾客编号='%s'
''' %cid
```

运行结果举例如下：

```
请输入查询顾客编号：（输入0退出程序）
0002
顾客编号 消费金额
0002      9797
```

2. 创建数据库文件 film.db，其中包含"热映电影"表和"排片"表。"热映电影"表结构包括电影名称（TEXT 型）、类型（TEXT 型）、地区（TEXT 型）。"排片"表结构包括电影名称（TEXT 型）、放映厅（TEXT 型）、票价（INTEGER 型）。

（1）输出数据库中"热映电影"表的所有内容。

（2）将输入的排片信息"电影名称"、"放映厅"和"票价"添加到"排片"表中。

（3）输入电影类型，输出该类型所有电影的"电影名称"、"放映厅"和"票价"查询结果。

【提示】 所涉及的 SQL 语句如下：

```
SQL='''SELECT 排片.电影名称,排片.放映厅,排片.票价
    FROM 排片 INNER JOIN 热映电影
    ON 排片.电影名称 = 热映电影.电影名称
    WHERE 热映电影.类型='%s'
    ''' %cls
```

运行结果举例如下：

```
请输入查询电影类型：（输入0退出程序）
喜剧
电影名称          放映厅              票价
惊天魔盗团2       五角场万达电影城      60
惊天魔盗团2       新天地影城          70
赏金猎人          宝山大光明影城        70
请输入查询电影类型：（输入0退出程序）
0
>>> |
```

3. 创建数据库文件 Dorm.db，其中包含 Dorm 表和 Student 表，分别是宿舍信息表和宿舍内学生信息表。Dorm 表结构包括宿舍号（TEXT 型）、电话（TEXT 型）、住宿费（INTEGER 型）、床位数（INTEGER 型）。Student 表结构包括学号（TEXT 型）、姓名（TEXT 型）、宿舍号（TEXT 型）。

（1）输出数据库中 Dorm 表的所有内容。

（2）将输入的"学号"、"姓名"和"宿舍号"添加到 Student 表中。

（3）输入学号，输出该学生所住的"宿舍号"、"电话"和"住宿费"查询结果（建议用 cur.fetchone()方法）。

【提示】 所涉及的 SQL 语句如下：

```
SQL='''SELECT Dorm.宿舍号,Dorm.电话,Dorm.住宿费
```

```
FROM Dorm INNER JOIN Student
ON Dorm.宿舍号 = Student.宿舍号
WHERE student.学号='%s'
''' %sid
```

运行结果举例如下：

```
请输入查询学号：（输入0退出程序）
130101
宿舍号        电话          住宿费
学三201       65980102       1200
```

4. 创建数据库文件 test.db，内含表 yzyh，其结构和内容如图 11-5（a）、（b）所示，设计程序界面如图 11-6 所示，单击"抽题"按钮随机抽取并显示题目，单击"显示答案"按钮，将该题的参考答案显示在界面上。

（a）

（b）

图 11-5　数据库文件的结构和内容

图 11-6　程序界面

## 第12章

基于第三方库的应用举例

本章教学目标:
- 了解用 openpyxl 等第三方库操作 Excel 文件的方法。
- 了解用 Pillow 等第三方库编辑图像文件的方法。

12.1 对 Excel 文件的操作

常见的 Python 第三方库有 xlrd、xlwt、xluntils、pyExcelerator、openpyxl、xlsxwriter 等,它们都可以跨平台对 Excel 文件进行操作,不需要在系统中安装 Office 办公软件。此外,在 Windows 中,Python 还可以利用 win32com 调用系统中已安装的 Office 办公软件对 Excel 文件进行操作。

xlrd、xlwt、xluntils 和 pyExcelerator 可处理.xls 文件,网上资源较多,其中,前两者分别司职读和写,后两者读和写均可,但功能偏少。

对于 Office 2007 版以后的.xlsx 文件,则只有 openpyxl 和 xlsxwriter 可以处理。其中,xlsxwriter 对.xlsx 文件的写操作功能非常专业,设置单元格格式、合并单元格、检查数据有效性,以及创建图表、公式、宏等操作,几乎应有尽有,美中不足的是没有读取功能。而 openpyxl 虽然功能不够强大,但读和写均可,能满足基本操作的要求。本节以 openpyxl 为例进行介绍。

12.1.1 用 openpyxl 在内存中创建工作簿

在连网状态下,用 "C:\Python3\scripts\pip.exe install openpyxl" 命令即可快速安装 openpyxl。

要对 Excel 文件进行操作,必须明确其中工作簿、工作表对象的概念层次,习惯上分别对应以下实例名称:wb 和 ws。

若从新建工作簿开始,可先在内存中创建工作簿(虚拟的 Excel 文件),例如:

```
from openpyxl import Workbook
wb = Workbook()
```

或

```
import openpyxl
wb=openpyxl. Workbook()
```

此时 wb 为内存中的工作簿实例，并有一个名为 Sheet 的空工作表。

要将磁盘中已有的 Excel 工作簿文件装入内存中，可用：

```
import openpyxl
wb=openpyxl.load_workbook(filename=<xlsx 文件路径及名称>)
```

由于操作是在内存中完成的，并没有写入文件，看不到文件中的变化，且此时 Excel 文件并未被独占，仍可以被其他程序打开。直到调用 wb.save(filename=<xlsx 文件路径及名称>)才最终写入文件。

用工作簿实例的 active 属性可将当前工作表指定为活动工作表，例如：

```
>>> wb.active
<Worksheet "Sheet">
```

可在工作簿中创建新的工作表实例，并直接将其指定为活动工作表，例如：

```
>>> wb.create_sheet("Mysheet", 0)    # 将其放在所有工作表的首位
<Worksheet "Mysheet1">
```

或直接定义工作表实例：

```
ws1 = wb.create_sheet("Mysheet", 0)
```

对于已有的工作簿实例可定义要操作的工作表实例，例如：

```
ws2 = openpyxl.sheet_ranges=wb['Sheet1']    # 注意工作表名称的大小写
```

12.1.2　数据的读取

使用 openpyxl 可以直接访问活动工作表中的单元格，例如：

```
cell_A4=ws['A4']
```

这里，cell_A4 实例的类型是单元格，其值为 cell_A4.value。

也可以直接以行、列定位方式访问单元格，读取其中的数据或进行赋值，例如：

```
cell_B4= ws.cell(row=4, column=2, value='上海市')
```

注意，Excel 中的行和列参数 row 和 column 都是从 1 开始的，与 Python 中其他对象从 0 开始的指针下标习惯不一致。

如果需要遍历整个工作表中有数据的所有单元格，可以调用 openpyxl.worksheet. Worksheet.rows()方法，将其用 tuple()方法转换为元组类型，即可得到以每行元组为元素的二维元组，如果是空工作表则返回空元组。例如，对于单元格 A1:C9 中包含有效数据的工作表 ws：

```
>>> tuple(ws.rows)
((<Cell Sheet.A1>, <Cell Sheet.B1>, <Cell Sheet.C1>),
(<Cell Sheet.A2>, <Cell Sheet.B2>, <Cell Sheet.C2>),
(<Cell Sheet.A3>, <Cell Sheet.B3>, <Cell Sheet.C3>),
(<Cell Sheet.A4>, <Cell Sheet.B4>, <Cell Sheet.C4>),
(<Cell Sheet.A5>, <Cell Sheet.B5>, <Cell Sheet.C5>),
(<Cell Sheet.A6>, <Cell Sheet.B6>, <Cell Sheet.C6>),
(<Cell Sheet.A7>, <Cell Sheet.B7>, <Cell Sheet.C7>),
(<Cell Sheet.A8>, <Cell Sheet.B8>, <Cell Sheet.C8>),
(<Cell Sheet.A9>, <Cell Sheet.B9>, <Cell Sheet.C9>))
```

同样，调用 openpyxl.worksheet.Worksheet.columns()方法，将其用 tuple()方法转换为元组类型，即可得到以每列元组为元素的二维元组。例如，上表可以改为

```
>>> tuple(ws.columns)
((<Cell Sheet.A1>,
<Cell Sheet.A2>,
<Cell Sheet.A3>,
<Cell Sheet.A4>,
<Cell Sheet.A5>,
<Cell Sheet.A6>,
...
<Cell Sheet.B7>,
<Cell Sheet.B8>,
<Cell Sheet.B9>),
(<Cell Sheet.C1>,
<Cell Sheet.C2>,
<Cell Sheet.C3>,
<Cell Sheet.C4>,
<Cell Sheet.C5>,
<Cell Sheet.C6>,
<Cell Sheet.C7>,
<Cell Sheet.C8>,
<Cell Sheet.C9>))
```

如果需要读取工作表中的部分数据，则可以使用单元格区间、列区间和行区间，例如：

```
cell_range = ws['A1:C2']、col_range = ws['C:D']
```

和

```
row_range = ws[5:10]
```

openpyxl 并没有提供获取有效行数和列数的方法，但可以用 len()方法获取。有效行数为 len(tuple(ws.rows))，有效列数为 len(tuple(ws.columns))。

12.1.3　编辑和保存

1. 赋值

Excel 中的单元格除可以赋值为字符串、整数和浮点数外，还可以接收日期、百分数、公式等赋值，例如：

```
ws['A1'] = datetime.datetime(2016, 9, 18)   # 需预先导入 import datetime
ws['B1'] = '0.15%'              # 需打开后手工转为数字
ws['C1'] = '0000001234'         # 自动判别为字符格式
ws['D1'] = '=SUM(D2:D10)'       # 表达式的写法与 Excel 中的语法习惯一致
```

若数据以每行元组（或列表）为元素的二维元组（或列表）的形式存在，则可利用循环语句将数据写入活动工作表中。例如，对于以每行数据列表为元素的二维列表 rows，用下列循环语句写入工作表中：

```
for row in rows:
    ws.append(row)
```

2. 合并与拆分单元格

工作表对象的 merge_cells() 和 unmerge_cells() 方法可使用单元格名称字符串或起止行、列作为参数，例如：

```
ws.merge_cells('A1:B1')
ws.unmerge_cells('A1:B1')
ws.merge_cells(start_row=2,start_column=1,end_row=2,end_column=4)
ws.unmerge_cells(start_row=2,start_column=1,end_row=2,end_column=4)
```

3. 单元格格式化

导入 openpyxl.styles，可利用 Font()（字体）、Color()（颜色）、Border()（加粗）、Side()（边缘）、PatternFill()（填充）、Alignment()（排列）、Protection()（锁定）等方法设定单元格的格式化属性。例如：

```
ws['A1'].font.italic = True   # 将 A1 单元格字符格式设为斜体
ws['B1'].font = Font(name='黑体', size=14, color=colors.RED,
                italic=True)
```

4. 图表

导入 openpyxl.chart 可创建二维或三维图表。以直方图为例，用 chart = BarChart() 实例化直方图对象，用 Reference() 方法实例化图表数据对象和坐标轴数据对象，用 chart.add_data() 方法绘图，其范围选择符合 Excel 中的语法习惯，用 chart.set_categories() 方法添加坐标数据，最后用 chart.add_chart() 方法将图表插入活动工作表的指定起始单元格中。

【例 12-1】 编写程序，将实验数据和直方图写入文件 test_barcart.xlsx 中，结果如图 12-1 所示。

```python
from openpyxl import Workbook
from openpyxl.chart import BarChart, Series, Reference
wb = Workbook()
ws = wb.active
rows = [
    ['序号', '分组 1', '分组 2'],
    [2, 40, 30],
    [3, 40, 25],
    [4, 50, 30],
    [5, 30, 10],
    [6, 25, 5],
    [7, 50, 10],
]
for row in rows:
    ws.append(row)
chart = BarChart()
chart.type = 'col'
chart.style = 10
chart.title = '实验数据直方图'
chart.x_axis.title = '实验序号'
chart.y_axis.title = '实验值'
cats = Reference(ws, min_col=1, min_row=2, max_row=7)
data = Reference(ws, min_col=2, min_row=1, max_col=3, max_row=7)
chart.add_data(data, titles_from_data=True)
chart.set_categories(cats)
ws.add_chart(chart, 'A10')
wb.save('C:/pyxl/test_barcart.xlsx')
```

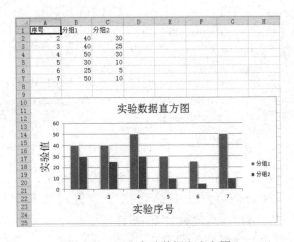

图 12-1   写入实验数据和直方图

5. 保存

最后，调用 wb.save(<.xlsx 文件路径及名称>)可覆盖性写入文件。由于 Excel 文件的独占性，只能对未同时被其他程序打开的.xlsx 文件写入。

用 openpyxl 还可实现条件格式、数据有效性规则验证，以及进一步调用 pandas 和 numpy 库进行数据分析，限于篇幅，不再一一赘述。读者可参照相关网站。

【例 12-2】 打开文件 C:/pyxl/test.xlsx，对 Sheet1 表的 D 列中相同内容的相邻行进行合并单元格操作。

```
import openpyxl
wb=openpyxl.load_workbook(filename='C:/pyxl/test.xlsx')
openpyxl.sheet_ranges=wb['Sheet1']
ws=wb.active
for row in range(1,len(tuple(ws.rows))):
    if (ws.cell(column=3,row=row).value ==
                            ws.cell(column=3,row=row+1).value):
        ws.merge_cells(start_row = row,start_column = 3, end_row = row+1,
                            end_column = 3)
wb.save('C:/pyxl/test.xlsx')
```

12.2　图像操作

PIL（Python Imaging Library）是著名的图像处理第三方库，包含基本的图像处理、特效合成、滤镜等方法。Pillow 库是 PIL 在 Python3 中的替代版本。

在连网状态下，用"C:\Python3\scripts\pip.exe install pillow"命令即可快速安装 Pillow 库。Pillow 库中除核心模块 Image 外，还包含 ImageChops（图像计算）、ImageEnhance（图像效果）、ImageFilter（滤镜）、ImageDraw（绘图）等主要模块。

12.2.1　Image 模块及其应用

Image 模块中常用的函数说明如下。

（1）图像打开函数

```
open(file,openmode)
```

其中，file 和 openmode 分别为文件名和打开方式（默认为'r'，只读）。

（2）新建图像函数

```
new(mode,size,color=0)
```

其中，mode 为图像色彩模式，取值为'RGB'、'CMYK'、'LAB'等；
size 为图像大小，是由水平像素数与垂直像素数组成的元组；
color 为颜色，默认为黑色（0）。

（3）复制图像函数

```
copy()
```

其功能是将图像对象复制到内存中。

（4）粘贴图像函数

```
paste(region,size)
```

其功能是将内存中的图像粘贴到对象 region 中。其中，region 为粘贴对象，size 为图像大小。

（5）显示图像函数

```
show()
```

其功能是显示内存中的图像。

（6）重新设置大小函数

```
resize(size)
```

其中，size 为图像大小，是由水平像素数与垂直像素数组成的元组。

（7）图像旋转函数

```
rotate(angle)
```

其中，angle 为旋转角度。

（8）图像变换函数

```
transpose(method)
```

其中，method 可选项有 FLIP_LEFT_RIGHT（左右镜像）、FLIP_TOP_BOTTOM（上下镜像）、ROTATE_90（顺时针 90°）、ROTATE_180（顺时针 180°）、ROTATE_270（逆时针 90°）等。

（9）图像裁剪函数

```
crop((x1,y1,x2,y2))
```

其中，各参数为自左上角点至右下角点的坐标元组。

（10）缩略图函数

```
thumbnail(size)
```

其中，size 为缩略图大小。

（11）转换函数

```
convert(mode)
```

其功能是转换图像色彩模式。其中，mode 可取值为'RGB'、'CMYK'、'LAB'等。

（12）混合图像函数

```
blend(im1,im2,alpha)
```

其中，im1、im2 相当于 Photoshop 中参加混合的上、下两层中的图像；
alpha 为混合透明度，通过 im1*(1-alpha)+im2*alpha 得到混合结果。

（13）遮罩图像函数

```
composite(im1,im2,mask)
```

其中，im1 相当于 Photoshop 中绑定遮罩层中的图像；
im2 相当于下层图像（被遮罩）；
mask 为遮罩层图像，要求为黑白二值、灰度或 RGBA 色彩模式。

（14）保存图像函数

```
save(file,format)
```

其功能是将内存中的图像写入文件中。

【例 12-3】　在 C:\test 文件夹中保存有同样大小的两幅图像 1.jpg 和 2.jpg，用灰度图
3.jpg 作为遮罩，编写程序，将 1.jpg 和 2.jpg 混合并呈现出来，效果如图 12-2 所示。

代码如下：

```
import PIL.Image
im1=PIL.Image.open('./1.jpg')
im2=PIL.Image.open('./2.jpg')
mask=PIL.Image.open('./3.jpg')
PIL.Image.composite(im1,im2,mask).show()
```

(a) 1.jpg　　　　　　　　　　(b) 2.jpg

(c) 遮罩　　　　　　　　　　(d) 最后效果

图 12-2　图像遮罩效果

12.2.2 ImageChops 特效与合成

ImageChops 模块包含一些通过计算图像通道中的像素值而进行特效合成的函数，相当于 Photoshop 中的图层特效。常见的特效函数说明如下。

（1）正片叠底函数

```
multiply(im1,im2)
```

类似于在同一个光源下叠放两张胶片的投影结果，高亮度视为透明。代码如下：

```
from PIL import Image
from PIL import ImageChops
im1=Image.open('./01.jpg')
im2=Image.open('./02.jpg')    #两幅图像大小要求一致
m=ImageChops.multiply(im1,im2)
m.show()
m.save('./multiply.jpg')
```

正片叠底效果如图 12-3 所示。

(a) 01.jpg　　　　　　　　(b) 02.jpg　　　　　　　　(c) 合成效果

图 12-3　正片叠底效果

（2）滤色函数

```
screen(im1,im2)
```

类似于两张胶片分别透过不同的光源在同一个屏幕上的投影结果，低亮度视为透明。代码如下：

```
from PIL import Image
from PIL import ImageChops
im1=Image.open('./001.jpg')
im2=Image.open('./002.jpg')
m=ImageChops.multiply(im1,im2)
m.show()
m.save('./screen.jpg')
```

滤色效果如图 12-4 所示。

（a）001.jpg

（b）002.jpg

（c）合成效果

图 12-4　滤色效果

（3）反相函数

```
invert(im1)
```

类似于胶片（彩色负片）的效果，以 255 减去像素的色彩值后得到新的色彩值。代码如下：

```
from PIL import Image
from PIL import ImageChops
im1=Image.open('./001.jpg')
m=ImageChops.invert(im1)
m.show()
m.save('./inv1.jpg')
```

反相效果如图 12-5 所示。

（a）原图

（b）反相后

图 12-5　反相效果

（4）相减函数

```
subtract(im1,im2)
```

其求得两幅图像对应像素值之差，用于采集相同背景图像上的差异前景。代码如下：

```
from PIL import Image
from PIL import ImageChops
im1=Image.open('./001.jpg')
im2=Image.open('./001a.jpg')
m=ImageChops.subtract(im1,im2)
m.show()
m.save('./subtr.jpg')
```

相减效果如图 12-6 所示。

（a）001.jpg   （b）001a.jpg   （c）相减效果

图 12-6　相减效果

习题 12

1．尝试安装 openpyxl 或 xlrd、xlwt、xlsxwriter 等用于处理 Excel 文件的 Python 第三方库，练习对.xlsx 或.xls 文件的简单处理。

2．尝试安装 Pillow 库，对比 Photoshop 的图像处理效果，理解 Python 程序对图像进行处理的方法。

获取本章资源

附录 A

上海市高等学校信息技术水平考试（二三级）Python程序设计考试大纲

（2022 年版）

一、考试性质

上海市高等学校信息技术水平考试是全市高校统一的教学考试，是检测和评价高校信息技术基础教学水平和教学质量的重要依据之一。该项考试旨在规范和加强高校的信息技术基础教学工作，提高学生的信息技术应用能力。考试对象是高等学校在校学生。考试每年举行一次，通常安排在当年的十月下旬、十一月上旬的星期六或星期日。凡考试成绩达到合格或优秀者，由上海市教育委员会颁发相应的证书。

本考试由上海市教育委员会统一领导，聘请有关专家组成考试委员会，委托上海市教育考试院组织实施。

二、考试目标

程序设计及应用科目群是基于不同语种的程序设计水平考试。通过程序设计的教学和考核，旨在提高大学生的计算思维和编程能力，重在培养大学生应用程序设计语言编写程序解决工程实际问题的能力。考试现有 C、C#、Java、Python、Visual Basic.NET 五个语种，根据掌握的知识和能力分二、三两个等级。

本科目二级的目标是考核学生掌握并能应用基本知识解决数据类型、基本语句、模块化程序设计、常用算法、函数、文件、基于文本文件的数据分析等简单的实际问题；三级的目标是在二级的基础上，增加对递归、数据库应用、数据可视化、文本信息正则提取等知识和能力要求，并能综合应用这些知识，具有面向学科交叉解决较复杂实际问题的能力。

三、考试内容和要求

知 识 领 域	知 识 单 元	知 识 点	要 求
Python 语言基本语法	程序的书写格式	基本词法单位、标识符/常量/运算符等构成规则、关键字	理解
		程序的书写格式与基本规则	掌握
	Python 语言程序设计步骤	Python 编程环境的操作使用	掌握
		程序的编辑/保存/运行	掌握
	Python 语言输入/输出	输入	掌握
		输出	掌握
	数据类型	整型、浮点型、复数类型、字符串类型、布尔型	掌握
	变量对象	变量的初始化和赋值	掌握
		变量类型的转换	掌握
	运算符	运算符种类、功能、优先级、结合性	理解
	比较、赋值和逻辑运算	比较运算规则	掌握
		赋值运算规则	掌握
		逻辑运算规则	掌握
		运算的优先级	理解
	表达式	表达式组成规则、各类表达式	理解
		各类型数据混合运算中求值的顺序	理解
		混合模式运算中的自动类型转换	掌握
		基本运算的执行顺序、表达式结果类型	理解
结构和语句	程序设计基本方法与计算思维	程序设计基本方法与计算思维	理解
	基本语句及顺序结构	赋值语句、复合赋值语句	掌握
	选择结构	if 语句	掌握
		if-elif-else 语句	掌握
		选择语句嵌套	掌握
	循环结构	while 语句	掌握
		for 循环迭代和 range() 内建函数	掌握
		循环语句嵌套	掌握
		死循环与 break、continue 转移语句	理解
	异常与调试	语法错误与逻辑错误	掌握
		try-except 异常处理	知道
		断言	知道

知 识 领 域	知 识 单 元	知 识 点	要　　求
Python 的组合 数据类型	字符串	字符串界定符	掌握
		字符串操作的相关方法（连接、重复、索引、切片、转义等）	掌握
		字符串的格式化（%通配符方法、format()方法、f-string 方法）	掌握
	列表	列表的概念和特点	掌握
		对列表元素的添加、插入、删除、计数、排序、反转等相 关操作方法	掌握
		用 enumerate()对列表迭代	掌握
		列表解析	掌握
		列表与字符串的相互转换	掌握
	元组	元组的概念和特点	掌握
		元组的基本操作及对元组中元素的 index()、count()等方法	掌握
		元组与列表的相互转换	掌握
		元组解包（赋值）	掌握
	字典	字典的概念和特点	理解
		对字典的清空、合并、更新、深/浅复制、键值对的移除	掌握
		对字典的键、值、键值对（项）的迭代	掌握
		字典元素的查询	掌握
		将列表转换为字典	理解
	集合	集合的概念和特点	知道
		对集合操作的相关方法	知道
文件	基本概念	文件的编码	理解
		文本文件和二进制文件	理解
	文件操作	文件的打开和关闭	掌握
		定位	理解
		文件的读取、写入、追加	掌握
		基于文件的数据分析	掌握
正则表达式	正则表达式	基本语法规则	理解
	re 模块的内置方法	匹配、搜索、替换	理解
	文本信息处理	爬虫等文本信息的正则提取	理解
函数	函数的定义	函数名、形式参数与实际参数、参数的类型、函数返回值、 函数体	掌握
		匿名函数	理解

知识领域	知识单元	知识点	要 求
函数	函数的调用	函数的参数（位置参数、默认参数、关键字参数、可变参数）	知道
		变长参数的传递（元组列表传参、字典传参）	理解
		变量的作用域	理解
	函数的高级应用	高阶函数及 map()、reduce()、filter()、sorted()等内置高阶函数	理解
		生成器	知道
		装饰器（有参、无参）	知道
	函数的递归调用	递归的定义和函数调用	知道
		递归的执行	知道
面向对象和 Python 生态	面向对象概念	类与实例、属性与方法	理解
		属性的访问控制	理解
	类与实例	创建类、创建子类、创建类的实例	理解
		类的方法与实例方法	理解
	面向对象的特征	封装、继承、多态	知道
	库与 Python 生态	库的模块化架构和管理	理解
		setup.py、whl 和 exe 安装方法	掌握
		import 和 from 方式	掌握
		random、math、calendar、time 等内置库	掌握
		jieba、wordcloud、openpyxl、Pillow、matplotlib 等第三方库	理解
数据库与 Web 应用	关系型数据库及 SQLite 操作	关系型数据库的创建与简单查询	理解
		数据库的连接与关闭、创建游标	理解
		execute()、fetchone()、fetchmany()、fetchall()、scroll()和 close()方法	理解
	基于框架的 Web 应用	JSON 数据类型及其与字符串的转换	理解
		微服务的概念	理解
		微服务 API 的 RESTful 实现	理解
		基于 FastAPI、Django、Flask、Tornado（任选）框架的 Web 应用	理解
桌面窗口的 GUI 设计	tkinter 常见控件	按钮、标签、输入框、文本框、单选按钮、复选框等	理解
		共同属性和特有属性设置	理解
	窗体控件布局	窗体设计	理解
		控件布局	理解
	事件响应	用户事件响应与自定义函数绑定	理解

续表

知 识 领 域	知 识 单 元	知 识 点	要　求
图形绘制	位置	绘图区域和坐标位置	理解
	图形绘制的基本方法	tkinterCanvas、turtle 或 matplotlib（任选）的绘图方法	理解
	图形绘制	绘制简单形状图形	理解
		绘制函数图形	理解
		数据可视化	理解

备注：

1. 对知识和技能的考核要求中，二级为知道/理解/掌握，三级全部为掌握。

2. 知识与技能的学习考核要求分为知道、理解和掌握三个层次，其含义如下。

知道：能识别和记忆相关的学习内容，对相关的知识有初步认识。

理解：初步把握学习内容的由来、作用和使用方法，并能以相应的学习内容为主完成简单的程序编制。

掌握：以某一学习内容为重点，综合运用其他相关内容，实现给定问题下的程序编制。

四、试卷结构

题　号	题　型	题　量	分　值	考核内容	考核目标
一	单选题	10 题	15 分	基本概念/基本语句/基本控件/基础算法	基本语言规范/程序设计思想/持续学习能力
二	程序填空题	3 题	30 分	常用算法/程序控制/算法逻辑	程序设计思想
三	调试改错题	3 题	30 分	基本语句/对象属性/控制结构/功能实现	程序设计思想/程序调试能力
四	编程题	5 题	75 分	数据分析/Python 生态/计算应用/文本正则/数据库应用/数据可视化/综合应用	界面设计能力/编程实现能力/持续学习能力
	合计	21 题	150 分		

五、相关说明

1. 考试时间：150 分钟。

2. 试卷总分：150 分。

3. 等第：不合格、二级合格、二级优秀、三级合格、三级优秀。各等第分数线由考委会划定。

4. 考试方式：考试采用基于网络环境的无纸化上机考试。

5. 考试环境：

➢ 上海市高等学校信息技术水平考试通用平台。

➢ 操作系统：Windows 10 中文版。

> ➢ 程序开发环境：Python 3.x，建议 3.7 以上或 Anaconda 相应版本，可选装 PyCharm、VS Code、PyScripter、Wing IDE、Spyder 等日常教学中考生熟悉使用的编程调试环境。
>
> ➢ 建议安装 json、numpy、pandas、matplotlib、jieba、wordcloud、openpyxl、Pillow 等常用第三方包及选装 FastAPI+uvicorn、Django、Flask、Tornado Web 框架。
>
> ➢ 建议安装 Navicat for SQLite 等可视化数据库管理工具。

6. 建议学时数：64～72 学时，其中实验课不少于 32 学时。

7. 参考教材：

李东方，文欣秀，张向东，Python 程序设计基础，电子工业出版社。

全国计算机等级考试二级
Python语言程序设计考试大纲

（2022 年版）

基本要求

1．掌握 Python 语言的基本语法规则。

2．掌握不少于 3 个基本的 Python 标准库。

3．掌握不少于 3 个 Python 第三方库，掌握获取并安装第三方库的方法。

4．能够阅读和分析 Python 程序。

5．熟练使用 IDLE 开发环境，能够将脚本程序转变为可执行程序。

6．了解 Python 计算生态在以下方面（不限于）的主要第三方库名称：网络爬虫、数据分析、数据可视化、机器学习、Web 开发等。

考试内容

一、Python 语言基本语法元素

1．程序的基本语法元素：程序的格式框架、缩进、注释、变量、命名、保留字、连接符、数据类型、赋值语句、引用。

2．基本输入输出函数：input()、eval()、print()。

3．源程序的书写风格。

4．Python 语言的特点。

二、基本数据类型

1．数字类型：整数类型、浮点数类型和复数类型。

2．数字类型的运算：数值运算操作符、数值运算函数。

3．真假无：True、False、None。

4．字符串类型及格式化：索引、切片、基本的 format()格式化方法。

5．字符串类型的操作：字符串操作符、操作函数和操作方法。

6．类型判断和类型间转换。

7．逻辑运算和比较运算。

三、程序的控制结构

1．程序的三种控制结构。

2．程序的分支结构：单分支结构、二分支结构、多分支结构。

3．程序的循环结构：遍历循环、条件循环。

4．程序的循环控制：break 和 continue。

5．程序的异常处理：try-except 及异常处理类型。

四、函数和代码复用

1．函数的定义和使用。

2．函数的参数传递：可选参数传递、参数名称传递、函数的返回值。

3．变量的作用域：局部变量和全局变量。

4．函数递归的定义和使用。

五、组合数据类型

1．组合数据类型的基本概念。

2．列表类型：定义、索引、切片。

3．列表类型的操作：操作符、操作函数和操作方法。

4．集合类型：创建。

5．集合类型的操作：操作符、操作函数和操作方法。

6．字典类型：创建、索引。

7．字典类型的操作：操作符、操作函数和操作方法。

六、文件和数据格式化

1．文件的使用：文件的打开、读写和关闭。

2．数据组织的维度：一维数据和二维数据。

3．一维数据的处理：表示、存储和处理。

4．二维数据的处理：表示、存储和处理。

5．采用 CSV 格式对一、二维数据文件的读写。

七、Python 程序设计方法

1．过程式编程方法。

2．函数式编程方法。

3．生态式编程方法。

4．递归计算方法。

八、Python 计算生态

1．标准库：turtle 库、random 库、time 库。

2．基本的 Python 内置函数。

3．利用 pip 工具的第三方库安装方法。

4．第三方库的使用：jieba 库、pyinstaller 库、基本 numpy 库。

5．更广泛的 Python 计算生态，只要求了解第三方库的名称，不限于以下领域：网络爬虫、数据分析、文本处理、数据可视化、用户图形界面、机器学习、Web 开发、游戏开发等。

考试方式

上机考试，考试时长 120 分钟，满分 100 分。

1．题型及分值

单项选择题 40 分（含公共基础知识部分 10 分）。

操作题 60 分（包括基本编程题和综合编程题）。

2．考试环境

Windows 7 操作系统，建议 Python 3.5.3 至 Python 3.9.10 版本，IDLE 开发环境。

参 考 文 献

[1] 洛特. Python 经典实例. 闫兵，译. 北京：人民邮电出版社，2019.

[2] LUTZ. Python 学习手册：第 4 版. 李军，刘红伟，等译. 北京：机械工业出版社，2011.

[3] LUTZ. Python 编程：第 4 版. 邹晓，瞿乔，任发科，等译. 北京：中国电力出版社，2015.

[4] CHUN. Python 核心编程：第 2 版. 宋吉广，译. 北京：人民邮电出版社，2008.

[5] 杨佩璐，宋强，等. Python 宝典. 北京：电子工业出版社，2014.

[6] BEAZLEY, JONES. Python Cookbook：第 3 版　中文版. 陈舸，译. 北京：人民邮电出版社，2015.

[7] 嵩天，黄天羽，礼欣. 程序设计基础（Python 语言）. 北京：高等教育出版社，2014.

[8] 陆朝俊. 程序设计思想与方法：问题求解中的计算思维. 北京：高等教育出版社，2013.